高等职业学校“十四五”规划土建类专业立体化新形态教材

建设工程消防查验
（工作手册式）

主　　编　陈　实　陈秋涛
副 主 编　黄钰程　梁　镇　雷和成　李家民
主　　审　黄永光　冯　娟

南宁市建设工程消防服务中心
广西建设职业技术学院
联合编写

华中科技大学出版社
中国·武汉

内容简介

本书主要内容包括建设工程消防查验的基本概念、原则和程序，以及建筑防火、建筑电气消防系统、建筑水消防系统、建筑暖通消防系统和其他建筑消防系统查验的相关规范条文、查验方法、查验要求、查验数量要求、查验设备及工具、重要程度等。

本书适用于从事建设工程消防设计审查验收的工作人员，以及建设、设计、施工、工程监理、技术服务等单位的从业人员，也可供高等院校和职业技术学校相关专业的师生参考使用。

图书在版编目(CIP)数据

建设工程消防查验 ：工作手册式 / 陈实，陈秋涛主编. -- 武汉 ：华中科技大学出版社，2024. 6.
ISBN 978-7-5772-0985-2

Ⅰ. TU892

中国国家版本馆 CIP 数据核字第 2024W4U793 号

建设工程消防查验(工作手册式) 陈　实　陈秋涛　主编

Jianshe Gongcheng Xiaofang Chayan(Gongzuo Shouceshi)

策划编辑：胡天金
责任编辑：王炳伦
责任校对：王亚钦
封面设计：金　刚
责任监印：朱　玢
出版发行：华中科技大学出版社(中国·武汉)　　电话：(027)81321913
　　　　　武汉市东湖新技术开发区华工科技园　　邮编：430223
录　　排：华中科技大学惠友文印中心
印　　刷：武汉市洪林印务有限公司
开　　本：787mm×1092mm　1/16
印　　张：16.25
字　　数：385 千字
版　　次：2024 年 6 月第 1 版第 1 次印刷
定　　价：49.80 元

编　委　会

前　言

建设工程消防查验是保证建设工程消防设计符合标准、施工质量达到要求的重要环节，是对建设工程消防设计审查验收工作的补充和完善，是预防和减少火灾事故发生的有效措施，是校验消防安全的关键环节。做好建设工程消防查验工作对于保障人民群众生命财产安全有着极为重要的意义，是实现建设工程消防安全性能和现场实际消防安全状况有机统一的重要抓手。通过实施建设工程消防查验制度，可以及时发现和纠正建设工程在消防设计、施工过程中存在的问题和隐患，保障建设工程符合消防要求，为使用单位提供安全可靠的建筑环境。

本教材基于建设工程消防查验专业人员的岗位特点，按照岗位工作内容，将教学内容设计为建设工程消防查验典型任务指引、建筑防火查验、建筑电气消防系统查验、建筑水消防系统查验、建筑暖通消防系统查验和其他建筑消防系统查验六个学习模块，以建设工程消防查验工作过程为主线，在每个模块设置典型工作任务。采用“工作手册式教材＋工作笔记＋实践训练＋功能插页”四位一体模式，根据工作手册式教材的特点，以工作页式的工单为载体，强化学习者自主学习，鼓励小组合作探究式学习，在课程内容、学习者参与性、教师角色、课堂活动、评价体系等方面全面改革。

本教材由南宁市建设工程消防服务中心和广西建设职业技术学院联合编写，编写分工如下：陈秋涛、梁镇负责编写模块一和模块二的内容；黄钰程、雷和成负责编写模块三的内容；覃如琼、莫海浩负责编写模块四的内容；张翌婕、曾景灼负责编写模块五的内容；段春毅、李家民负责编写模块六的内容；陈实负责全书整理和修改。本教材由广西建设职业技术学院黄永光、广西博成消防技术有限公司冯娟主审。

本教材主要适用于从事建设工程消防设计审查验收的工作人员，以及建设、设计、施工、工程监理、技术服务等单位的从业人员，也可供高等院校和职业技术学校相关专业的师生参考使用。本书旨在帮助学习者掌握建设工程消防查验的基本概念、原则、程序和方法，熟悉不同类型建设工程消防查验的重点、难点和常见问题，理解消防查验在保障人民生命财产安全、提升社会公众信心和满意度方面的重要作用，提高学习者的消防查验能力和水平。

本教材根据国家工程建设消防法律法规和技术标准编写，如有和现行工程建设消防技术标准不一致的地方，以现行法律法规和技术标准为准。

目　录

模块一　建设工程消防查验典型任务指引

一、任务描述

建设工程消防查验是指由建设单位组织，建设工程消防技术服务机构和设计、施工、工程监理等单位共同参与，按照《建设工程消防设计审查验收管理暂行规定》（中华人民共和国住房和城乡建设部令第 51 号）的要求，开展工程施工阶段全过程的消防质量检查和验收工作。建设工程消防查验应遵循国家法律法规、标准规范和技术规范的要求，按照科学、合理、规范、有效的原则进行。本任务主要介绍建设工程消防查验基础知识、建设工程消防查验的内容、基本规定和通用要求。

二、任务目标

（一）知识目标

了解建设工程消防查验的概念、目的、原则和内容，掌握国家法律法规、标准规范和技术规范的相关要求，熟悉查验方法和技巧，理解查验过程和查验结果的意义和作用。

（二）能力目标

能够根据查验对象和内容，制定合理的查验计划和程序，采用适当的查验方式和手段，进行有效的现场检查、文件审查、测试检测等，获取准确的查验数据，分析评价查验结果，形成查验报告或意见书，并提出改进措施或整改要求。

（三）素质目标

培养学习者的消防安全意识和责任感，提高学习者的职业素养和道德修养，增强学习者的沟通协调能力和问题解决能力，促进学习者的终身学习能力和创新能力。

三、相关知识链接

【学习卡】建设工程消防查验通用要求

• 查验阶段
消防查验技术服务应包括设计交底、施工过程和工程竣工的查验

• 查验工作要求

消防查验工作应包括参加关键工序施工和隐蔽工程验收,应查验关键工序的检查记录和隐蔽工程的验收记录

• 查验规定

(1)查验检验批检验和分项工程验收记录。

(2)参加分部工程和单位工程验收,查验现场施工质量和验收记录。

(3)参加工程竣工验收,查验消防设施性能,联调联试系统功能的施工质量和验收记录

• 查验合格标准

国家工程建设消防技术标准强制性条文以及带有"严禁""必须""应""不应""不得"要求的非强制性条文均应合格

• 报告编制要求

工程竣工验收(消防查验)报告应在建设工程消防施工质量验收和消防查验合格后编制

四、建筑消防查验各阶段内容及要求

序号	查验阶段	查验内容及要求
1	查验方案编制	①查验项目基本情况;②查验依据、项目和内容;③查验仪器、设备、工具;④查验关键工序和隐蔽工程;⑤查验实施步骤和阶段;⑥查验技术负责人、项目负责人和其他工作人员
2	消防设计交底查验	①消防设计文件执行国家工程建设消防技术标准强制性条文以及带有"严禁""必须""应""不应""不得"要求的非强制性条文的情况;②消防设计文件中选用的消防产品和具有防火性能要求的建筑材料,建筑构配件和设备的规格、性能等技术指标;③施工现场是否具备消防设计文件的实施条件
3	消防施工过程查验	①关于消防产品及有防火性能要求的建筑材料、建筑构配件的质量证明文件一致性核查的进场验收文件;②消防施工安装、消防设施和设备调试情况;③关键工序和隐蔽工程验收记录
4	消防产品及有防火性能要求的建筑材料、建筑构配件的质量证明文件查验	①依法实行强制性产品认证的消防产品应查验出厂合格证(或质保书)和由具有法定资质的认证机构出具的强制认证证书、型式检验报告;②尚未制定相关标准的消防产品应查验出厂合格证(或质保书)和按有关规定经技术鉴定的鉴定报告、型式检验报告;③执行强制性国家标准或者行业标准,进行型式检验和出厂检验的消防产品应查验出厂合格证(或质保书)和由具有法定资质的检验机构出具的型式检验报告;④设计选用的具有防火性能要求的建筑构件、建筑材料、装修材料应查验出厂合格证(或质保书)和由具有法定资质的检验机构出具的耐火极限或燃烧性能检验报告;⑤非消防产品类的其他建筑材料、设备应查验出厂合格证(或质保书)和检验报告等质量证明文件

续表

序号	查验阶段	查验内容及要求
5	工程竣工消防查验	①竣工查验应符合现行国家标准《建筑工程施工质量验收统一标准》GB 50300—2013 的规定；②竣工查验应按照检验批、分项工程、分部(子分部)工程、单位(子单位)工程的顺序依次、逐级进行；③系统组件、设备安装完毕，应进行系统完整性检查，合格后应进行系统调试；④系统设计文件或设备组件说明书及调试所需的技术资料应完整，调试检测设备应齐全，调试检测所需仪器、仪表应经校验合格并与系统连接和固定；⑤调试记录和内容应全数查验。发现不合格项，应由建设单位组织施工单位和工程监理单位进行复查，并形成问题整改清单

五、建筑消防施工现场质量管理、质量控制资料查验内容

通用要求		①质量管理体系文件及质量运行记录；②质量责任制文件及相应记录；③特种作业审批记录(如动火证审批记录等)；④施工图审查报告、特殊建设工程消防设计审查意见书等法律文书；⑤施工图组织设计、施工方案、施工技术标准；⑥经批准的施工图、设计说明书、设计变更通知单、技术交底单等；⑦产品质量有效证明文件、消防产品及有防火性能要求的建筑材料(构件)进场检验(验收)记录；⑧工序交接、相关专业工程之间交接等质量检查记录；⑨现场材料、设备管理制度及记录；⑩竣工图等相关文件；⑪产品市场准入文件、产品质量检验文件等合法性文件；⑫成套设备及主要零配件的产品说明书；⑬施工过程检查记录；⑭隐蔽工程质量验收记录；⑮新技术论证、备案及施工记录；⑯施工许可证(开工证)；⑰系统验收申请报告
序号	消防系统	查验内容及要求
1	建筑防火	①施工现场质量管理检查记录；②工程质量控制资料检查记录；③建筑内部装修工程防火验收记录
2	消防电气	①接地、绝缘电阻测试记录；②分项工程质量验收记录；③施工现场质量管理检查记录；④工程质量控制资料检查记录
3	火灾自动报警系统	①系统安装过程质量检查记录；②系统部件的现场设置情况记录；③系统联动编程设计记录；④系统调试记录；⑤建(构)筑物竣工后的总平面图、建筑消防系统平面布置图、建筑消防设施系统图及安全出口布置图、重点部位位置图、危化品位置图；⑥火灾自动系统设备现场设置情况记录；⑦消防系统联动控制逻辑关系说明、联动编程记录、消防联动控制器手动控制单元编码设置记录；⑧系统设备使用说明书、系统操作规程；⑨施工现场质量管理检查记录；⑩工程质量控制资料检查记录

续表

序号	消防系统	查验内容及要求
4	防火卷帘、防火门、防火窗	①施工现场质量管理检查记录;②防火卷帘、防火门、防火窗工程质量控制资料核查记录;③防火卷帘、防火门、防火窗隐蔽工程质量验收记录
5	应急照明和疏散指示系统	①工程质量事故处理报告;②系统安装过程质量检查记录;③系统部件的现场设置情况记录;④系统控制逻辑编程记录;⑤系统调试记录;⑥施工现场质量管理检查记录
6	消防给水及消火栓系统	①施工过程检查记录;②施工现场质量管理检查记录;③消防给水及消火栓系统试压记录;④消防给水及消火栓系统管网冲洗记录;⑤消防给水及消火栓系统联锁试验记录;⑥消防给水及消火栓系统工程质量控制资料检查记录
7	自动喷水灭火系统	①施工记录;②系统联动控制试验记录;③系统调试记录;④施工现场质量管理检查记录;⑤自动喷水灭火系统试压记录;⑥自动喷水灭火系统管网冲洗记录;⑦自动喷水灭火系统联动试验记录;⑧自动喷水灭火系统工程质量控制资料检查记录
8	自动跟踪定位射流灭火系统	①与系统相关的电源、备用动力、电气设备以及联动控制设备等验收合格证明;②系统施工进场检验、安装质量检查、系统调试等施工过程质量检查记录和施工事故处理报告;③施工现场质量管理检查记录;④系统试压记录;⑤系统管网冲洗记录;⑥系统调试记录;⑦系统工程质量控制资料检查记录
9	细水雾灭火系统	①系统施工进场检验、安装质量检查、系统调试等施工过程质量检查记录和施工事故处理报告;②细水雾灭火系统施工现场质量管理检查记录;③细水雾灭火系统管网冲洗记录;④细水雾灭火系统试压记录;⑤细水雾灭火系统隐蔽工程验收记录;⑥细水雾灭火系统工程质量控制资料核查记录
10	水喷雾灭火系统	①施工过程检查记录及阀门的强度和严密性试验记录、管道试压记录、管网冲洗记录;②系统施工过程的调试记录;③水喷雾灭火系统施工现场质量管理检查记录;④水喷雾灭火系统隐蔽工程验收记录;⑤水喷雾灭火系统工程质量控制资料核查记录
11	防排烟系统	①施工过程检查记录(防排烟系统主配件进场检验记录,防排烟系统安装过程检查记录,防排烟系统调试过程检查记录);②防排烟系统隐蔽工程质量验收记录;③施工现场质量管理检查记录;④防排烟系统工程质量控制资料检查记录;⑤防排烟系统隐蔽工程验收记录
12	通风与空气调节系统	①施工过程检查记录(通风与空气调节系统主配件进场检验记录、通风与空气调节系统安装过程检查记录、通风与空气调节系统调试过程检查记录);②通风和空气调节系统防火现场质量管理检查记录;③通风和空气调节系统防火工程质量控制资料检查记录

续表

序号	消防系统	查验内容及要求
13	室内供暖系统	①安装质量检查、系统调试等施工过程质量检查记录和施工事故处理报告；②室内供暖系统防火现场质量管理检查记录；③室内供暖系统防火工程质量控制资料检查记录
14	气体灭火系统	①安装质量检查、系统调试等施工过程质量检查记录和施工事故处理报告；②施工现场质量管理检查记；③气体灭火系统工程质量控制资料核查记录
15	泡沫灭火系统	①系统施工过程检查记录及阀门的强度和严密性试验记录、管道试压和管网冲洗记录；②施工现场质量管理检查记录；③隐蔽工程验收记录；④泡沫灭火系统质量控制资料核查记录
16	建筑灭火器	①安装质量检查、施工过程质量检查记录和施工事故处理报告；②建筑灭火器配置缺陷项分类及验收报告、施工现场质量管理检查记录；③施工过程质量控制资料检查记录

模块二　建筑防火查验

任务一　建筑总平面布局查验

一、任务描述

建筑总平面布局是建筑物在场地内的位置、形状、方向、尺寸等要素的综合体现。建筑总平面布局的合理性直接影响建筑物的消防安全性能，如防火间距、消防车道、消防车登高操作场地等的设置。因此，进行建设工程消防查验时，应当对建筑总平面布局进行严格的检查和评价，以确保建设工程符合消防要求。本任务旨在帮助学习者掌握建设工程消防查验的基本知识和技能，以使其提高对建筑总平面布局的消防安全性能的认识和评价能力。

二、任务目标

（一）知识目标

（1）了解建筑总平面布局查验的相关法律法规和标准。

（2）掌握建筑总平面布局查验的内容和方法。

（3）熟悉建筑总平面布局的消防要求和评价标准。

（二）能力目标

（1）能够根据给定的建筑总平面图，判断其是否符合消防要求。

（2）能够填写相应的消防查验原始记录表，对每个子项进行评定并给出正确理由和依据。

（3）能够编写工程竣工验收（消防查验）报告，并对建筑总平面布局提出改进建议或意见。

（三）素质目标

（1）认识到建筑总平面布局对消防安全性能的重要影响，重视建筑总平面布局查验的必要性和意义。

（2）提高消防查验工作人员对建筑总平面布局的消防安全性能的认识和评价能力，能够运用相关法律法规和标准，对建筑总平面布局进行客观、合理、科学的分析和判断。

(3)增强消防查验工作人员对消防法律法规和标准的执行力，能够按照规定程序和方法进行建设工程消防查验，并及时发现并纠正不符合消防要求的问题。

三、相关知识链接

【学习卡一】防火间距

• 相关规范条文

《建筑设计防火规范》GB 50016—2014(2018年版)的5.2.1条～5.2.6条及附录B；《汽车库、修车库、停车场设计防火规范》GB 50067—2014的4.2.1条～4.2.4条、4.2.6条～4.2.11条；《人民防空工程设计防火规范》GB 50098—2009的3.2.1条和3.2.2条；《建筑防火通用规范》GB 55037—2022的3.1条～3.3条

• 查验方法

现场测量建筑外墙与相邻建筑外墙的最近水平距离，当外墙有凸出的可燃或难燃构件时，应从其凸出部分外缘算起

• 查验要求

(1)符合经审查合格的消防设计文件要求。

(2)符合《建筑设计防火规范》GB 50016—2014(2018年版)第5.2.1条～5.2.6条及附录B，《汽车库、修车库、停车场设计防火规范》GB 50067—2014第4.2.1条～4.2.4条、第4.2.6条～4.2.11条，《人民防空工程设计防火规范》GB 50098—2009第3.2.1条和第3.2.2条及《建筑防火通用规范》GB 55037—2022第3.1条～3.3条的规定。

(3)防火间距的查验情况应在查验报告中附图示意

• 查验数量要求

全数查验

• 查验设备及工具

测距仪、皮尺、卷尺

• 重要程度

A

【学习卡二】消防车道

• 相关规范条文

《建筑设计防火规范》GB 50016—2014(2018年版)的5.2.1条、7.1.1条、7.1.3条～7.1.7条、7.1.9条、7.1.10条；《汽车库、修车库、停车场设计防火规范》GB 50067—2014的4.3条；《建筑防火通用规范》GB 55037—2022的3.4.3条、3.4.5条

• 查验数量要求

全数查验，每个测量单项数量应不少于2处，实际数量少于2处的按实际数量测量

·查验要求

(1)符合经审查合格的消防设计文件要求。

(2)符合《建筑设计防火规范》GB 50016—2014(2018年版)第5.2.1条、7.1.1条、7.1.3条~7.1.7条、7.1.9条、7.2.2条,《汽车库、修车库、停车场设计防火规范》GB 50067—2014第4.3条,《建筑防火通用规范》GB 55037—2022第3.4.3条、3.4.5条的规定。

(3)消防车道查验情况应在查验报告中附图示意

·查验方法

(1)现场测量和核对消防车道的净宽、净高、转弯半径、与建筑外墙的距离;现场查验是否有影响消防车登高救援的树木、架空管线等。

(2)查阅建设工程施工过程相关资料,现场核对消防车道承载力,测量和核对消防车道的坡度、回车场面积以及与其他车道的连通处数量

·查验设备及工具

测距仪、皮尺、卷尺

·重要程度

A/B

【学习卡三】消防车登高面、消防车登高操作场地

·相关规范条文

《建筑设计防火规范》GB 50016—2014(2018年版)的7.2.1条、7.2.2条、7.2.5条,《建筑防火通用规范》GB 55037—2022的2.2.2条、2.2.3条、3.4.3条、3.4.6条、3.4.7条、7.1.15条

·查验数量要求

全数查验,每个测量单项数量应不少于2处,实际数量少于2处的按实际数量测量

·查验要求

(1)符合经审查合格的消防设计文件要求。

(2)符合《建筑设计防火规范》GB 50016—2014(2018年版)第7.2.1条、7.2.2条、7.2.5条,《建筑防火通用规范》GB 55037—2022第2.2.2条、2.2.3条、3.4.3条、3.4.6条、3.4.7条、7.1.15条的规定。

(3)消防车登高面及消防车登高操作场地查验情况应在查验报告中附图示意

·查验方法

(1)现场测量和核对登高扑救面范围内设置的裙房、雨棚等建/构筑物的进深及高度。

(2)现场测量和核对建筑首层是否在消防登高面上设置疏散楼梯出入口;避难区水平投影是否位于同一侧的登高操作场地范围内;消防救援口的净高、净宽、下沿距地高度以及每层或每个防火分区设置的数量。

(3)现场测量和核对消防登高操作场地的长度、宽度、坡度、承载力,与建筑外墙的距离以及是否有影响消防车登高救援的树木、架空管线等

• 查验设备及工具	• 重要程度
测距仪、皮尺、卷尺	A

四、任务分配

进行某建设工程建筑总平面布局消防查验工作的任务分配。

消防查验任务分工表

查验单位（班级）				
查验人员	姓名	执业资格或专业技术资格	职务	任务分工
查验负责人（组长）				
项目组成员（组员）				

五、自主探学

根据任务分工，自主填写消防现场查验原始记录表。

消防现场查验原始记录表

项目名称				涉及阶段	□施工实施阶段 □竣工验收阶段	
日期				查验次数	第　次	
序号	所属分部工程	查验内容	查验位置	现场情况	问题描述	备注
1						
2						
3						
4						
设备仪器：						

六、合作研学

小组交流，教师指导，填写建筑总平面布局概况及查验数量一览表。

建筑总平面布局概况及查验数量一览表

<table>
<tr><td>建筑总平面布局概况</td><td colspan="4"></td></tr>
<tr><td>名称</td><td>设置情况</td><td>查验数量抽样要求</td><td>查验抽样数量</td><td>查验位置</td></tr>
<tr><td>防火间距</td><td></td><td>全数查验</td><td></td><td></td></tr>
<tr><td>消防车道</td><td></td><td>全数查验</td><td></td><td></td></tr>
<tr><td>消防车登高面</td><td></td><td>全数查验</td><td></td><td></td></tr>
<tr><td>消防车登高操作场地</td><td></td><td>全数查验</td><td></td><td></td></tr>
</table>

七、展示赏学

小组合作完成建筑总平面布局查验情况汇总表的填写，每个小组推荐一名组员汇报查验情况和结论。

建筑总平面布局查验情况汇总表

<table>
<tr><td colspan="4">工程名称</td><td colspan="6"></td></tr>
<tr><td rowspan="2">序号</td><td rowspan="2" colspan="2">查验项目名称</td><td rowspan="2">查验标准</td><td colspan="2">查验内容</td><td colspan="4">查验结果</td></tr>
<tr><td>查验要求</td><td>查验方法</td><td>查验情况</td><td>重要程度</td><td>结论</td><td>备注</td></tr>
<tr><td>1</td><td rowspan="5">总平面布局</td><td>防火间距</td><td rowspan="5">符合经审查合格的消防设计文件要求</td><td>测量消防设计文件中有要求的防火间距</td><td>现场测量</td><td></td><td>A</td><td></td><td></td></tr>
<tr><td rowspan="2">2</td><td rowspan="2">消防车道</td><td>测量车道的净宽、净高、转弯半径、与建筑外墙的距离，建筑之间是否有树木或架空管线等障碍物</td><td>现场测量、直观检查</td><td rowspan="2"></td><td>A</td><td></td><td></td></tr>
<tr><td>测量坡度、承载力、回车场面积、与其他车道的连通处数量</td><td>现场测量、直观检查</td><td>B</td><td></td><td></td></tr>
<tr><td>3</td><td>消防车登高面</td><td>是否有影响消防车登高救援的裙房，首层是否设置有楼梯出口，登高面上各楼层消防救援口的设置情况</td><td>现场测量、直观检查</td><td></td><td>A</td><td></td><td></td></tr>
<tr><td>4</td><td>消防车登高操作场地</td><td>是否有影响消防车登高救援的树木、架空管线等</td><td>现场测量、直观检查</td><td></td><td>A</td><td></td><td></td></tr>
<tr><td colspan="3">查验结论</td><td colspan="2">□ 符合经审查合格的消防设计文件要求</td><td colspan="5">□ 不符合经审查合格的消防设计文件要求</td></tr>
</table>

任务二　建筑平面布置与防火分隔查验

一、任务描述

建筑平面布置与防火分隔是指建筑物在平面上的空间划分和功能分区，以及在建筑内部和外部设置的阻止或减缓火灾蔓延的构造措施。建筑平面布置与防火分隔的合理性直接影响建筑物的消防安全性能，如人员疏散、火灾控制、消防救援等。因此，在进行建设工程消防查验时，应当对建筑平面布置与防火分隔进行严格的检查和评价，以确保其符合消防要求。本任务旨在帮助学习者掌握建设工程消防查验的基本知识和技能，提高学习者对建筑平面布置与防火分隔的消防安全性能的认识和评价能力。本任务将介绍如何根据相关法律法规和标准，对建筑平面布置与防火分隔进行查验，并填写相应的记录表。

二、任务目标

（一）知识目标

（1）了解掌握建筑平面布置与防火分隔的消防要求和评价标准。

（2）熟悉建筑平面布置与防火分隔查验的依据和程序。

（3）掌握建筑平面布置与防火分隔的消防安全性能的影响因素和评价方法。

（二）能力目标

（1）能够根据给定的建筑平面图，判断其建筑平面布置与防火分隔是否满足消防要求，并能够发现并指出其存在的问题和缺陷。

（2）能够填写相应的消防查验原始记录表，对每个子项进行评定，并能够对记录表进行整理和归档。

（3）能够编写工程竣工验收（消防查验）情况报告，并对建筑平面布置与防火分隔部分提出改进意见或建议。

（三）素质目标

（1）认识建筑平面布置与防火分隔对消防安全性能的重要影响，了解建筑平面布置与防火分隔查验的必要性和意义。

（2）提高消防查验工作人员对建筑平面布置与防火分隔的消防安全性能的理解和评价能力，能够对建筑平面布置与防火分隔进行客观、合理、科学的分析和判断。

（3）能够按照规定程序和方法进行建设工程消防查验，及时发现并纠正不符合消防要求的问题，并能够对查验工作进行反思和总结。

三、相关知识链接

【学习卡一】消防控制室

· 相关规范条文

《建筑设计防火规范》GB 50016—2014(2018年版)的8.1.7条,《人民防空工程设计防火规范》GB 50098—2009的3.1.9条、4.2.4条,《建筑防火通用规范》GB 55037—2022的4.1.3条、4.1.8条

· 查验数量要求

全数查验

· 查验要求

(1)符合经审查合格的消防设计文件要求。

(2)符合《建筑设计防火规范》GB 50016—2014(2018年版)第8.1.7条,《人民防空工程设计防火规范》GB 50098—2009第3.1.9条、4.2.4条,《建筑防火通用规范》GB 55037—2022第4.1.3条、4.1.8条的规定

· 查验方法

(1)现场查验消防控制室设置的位置以及疏散门设置情况。

(2)现场查验消防控制室内是否敷设或穿过与消防控制室无关的管线。

(3)现场查验消防控制室是否采取防淹、防潮、防啮齿动物等措施。

(4)查阅建设工程施工过程相关资料,现场核对建筑构件材料燃烧性能情况,测量消防控制室建筑构件的厚度、最小截面尺寸等

· 查验设备及工具

测距仪、皮尺、卷尺

· 重要程度

A

【学习卡二】消防水泵房

· 相关规范条文

《建筑防火通用规范》GB 55037—2022的4.1.3条、4.1.7条,《人民防空工程设计防火规范》GB 50098—2009的4.2.4条

· 查验数量要求

全数查验

· 查验要求

(1)符合经审查合格的消防设计文件要求。

(2)符合《建筑防火通用规范》GB 55037—2022第4.1.3条、4.1.7条,《人民防空工程设计防火规范》GB 50098—2009第4.2.4条的规定

· 查验方法

(1)现场查验消防水泵房设置的位置以及疏散门设置情况。

(2)现场查验消防水泵房防淹措施。

(3)查阅建设工程施工过程相关资料,现场核对建筑构件材料燃烧性能情况,测量水泵房建筑构件的厚度、最小截面尺寸等

• 查验设备及工具

测距仪、皮尺、卷尺

• 重要程度

A

【学习卡三】民用建筑中其他特殊场所

• 相关规范条文

《建筑设计防火规范》GB 50016—2014(2018年版)的5.4.1条、5.4.4条、5.4.7条、5.4.8条、5.4.9条、5.4.13条、5.4.14条、5.4.17条、5.5.6条、5.5.10条、5.5.28条、6.2.1条、6.2.3条、6.2.8条,《汽车库、修车库、停车场设计防火规范》GB 50067—2014的4.1.1条、4.1.2条、4.1.4条～4.1.12条、5.1.6条、5.1.7条、5.1.9条,《人民防空工程设计防火规范》GB 50098—2009的3.1条,《建筑防火通用规范》GB 55037—2022的4.1.3条～4.1.6条、4.1.9条、4.3.1条～4.3.7条、4.3.11条、4.3.14条、4.4.1条、12.0.3条、12.0.4条

• 查验方法

(1)现场查验特殊场所设置的功能(场所类型)、所在层数、部位、安全出口、疏散门设置情况等。

(2)查阅建设工程施工过程相关资料,现场核对用于各区域间防火分隔的建筑构件材料燃烧性能情况,测量建筑构件的厚度、最小截面尺寸等

• 查验要求

(1)符合经审查合格的消防设计文件要求。

(2)符合《建筑设计防火规范》GB 50016—2014(2018年版)第5.4.1条、5.4.4条、5.4.7条、5.4.8条、5.4.9条、5.4.13条、5.4.14条、5.4.17条、5.5.6条、5.5.10条、5.5.28条、6.2.1条、6.2.3条、6.2.8条,《汽车库、修车库、停车场设计防火规范》GB 50067—2014第4.1.1条、4.1.2条、4.1.4条～4.1.12条、5.1.6条、5.1.7条、5.1.9条,《人民防空工程设计防火规范》GB 50098—2009第3.1条,《建筑防火通用规范》GB 55037—2022第4.1.3条～4.1.6条、4.1.9条、4.3.1条～4.3.7条、4.3.11条、4.3.14条、4.4.1条、12.0.3条、12.0.4条的规定

• 查验数量要求

全数查验

• 查验设备及工具

测距仪、皮尺、卷尺等

• 重要程度

A

【学习卡四】防火分区

• 相关规范条文

《建筑设计防火规范》GB 50016—2014(2018年版)的5.3.6条,《汽车库、修车库、停车场设计防火规范》GB 50067—2014的5.1.1条、5.1.2条、5.1.4条、5.1.5条,《人民防空工程设计防火规范》GB 50098—2009的4.1.1条～4.1.5条,《建筑防火通用规范》GB 55037—2022的4.3.15条～4.3.17条

• 查验要求

(1)符合经审查合格的消防设计文件要求。

(2)符合《建筑设计防火规范》GB 50016—2014(2018年版)第5.3.6条,《汽车库、修车库、停车场设计防火规范》GB 50067—2014第5.1.1条、5.1.2条、5.1.4条、5.1.5条,《人民防空工程设计防火规范》GB 50098—2009第4.1.1条～4.1.5条,《建筑防火通用规范》GB 55037—2022第4.3.15～4.3.17条的规定。

(3)防火分区面积及分隔的查验情况应在查验报告中附图示意

• 查验方法

(1)现场核对防火分区面积、位置。

(2)查阅建设工程施工过程相关资料,现场核对建筑构件材料燃烧性能情况,测量防火分区内建筑构件的厚度、最小截面尺寸等

• 查验数量要求

不少于10%的防火分区,且不少于3个防火分区,少于等于3个防火分区的全数查验;商业营业厅、展览厅等特殊使用场所全数查验

• 查验设备及工具

测距仪、皮尺、卷尺

• 重要程度

A

【学习卡五】防火墙

• 相关规范条文

《建筑设计防火规范》GB 50016—2014(218年版)的6.1.3条、6.1.4条、6.1.6条,《汽车库、修车库、停车场设计防火规范》GB 50067—2014的5.2.2条～5.2.6条,《人民防空工程设计防火规范》GB 50098—2009的4.2.1条～4.2.4条,《建筑防火通用规范》GB 55037—2022的3.2.4条、4.1.2条、4.1.4条、4.2.3条、4.2.4条、4.2.6条、4.3.11条、6.1.1条～6.1.3条、6.4.2条、6.4.6条、9.1.3条

• 查验方法

(1)现场核对防火墙设置位置和完整性。

(2)查阅建设工程施工过程相关资料,现场核对防火墙材料的燃烧性能情况,测量防火墙的厚度、最小截面尺寸等。

(3)现场查验防火墙上开设的洞口和管道穿越情况

• 查验要求

(1)符合经审查合格的消防设计文件要求。

(2)符合《建筑设计防火规范》GB 50016—2014(2018年版)第6.1.3条、6.1.4条、6.1.6条,《汽车库、修车库、停车场设计防火规范》GB 50067—2014第5.2.2条～5.2.6条,《人民防空工程设计防火规范》GB 50098—2009第4.2.1条～4.2.4条,《建筑防火通用规范》GB 55037—2022第3.2.4条、4.1.2条、4.1.4条、4.2.3条、4.2.4条、4.2.6条、4.3.11条、6.1.1条～6.1.3条、6.4.2条、6.4.6条、9.1.3条的规定

· 查验数量要求

不少于10%防火分区的防火墙，且不少于3个防火分区，少于等于3个防火分区的全数查验

· 查验设备及工具

测距仪、皮尺、卷尺

· 重要程度

A

【学习卡六】防火卷帘

· 相关规范条文

《建筑设计防火规范》GB 50016—2014(2018年版)的6.5.3条，《汽车库、修车库、停车场设计防火规范》GB 50067—2014的5.2.7条，《人民防空工程设计防火规范》GB 50098—2009的4.4.3条，《建筑防火通用规范》GB 55037—2022的6.4.8条

· 查验要求

(1)符合经审查合格的消防设计文件要求。

(2)符合《建筑设计防火规范》GB 50016—2014(2018年版)第6.5.3条，《汽车库、修车库、停车场设计防火规范》GB 50067—2014第5.2.7条，《人民防空工程设计防火规范》GB 50098—2009第4.4.3条，《建筑防火通用规范》GB 55037—2022第6.4.8条的规定

· 查验方法

(1)现场核对防火卷帘设置位置、耐火等级、完整性。

(2)现场测量防火卷帘长度

· 查验数量要求

全数查验

· 查验设备及工具

测距仪、皮尺、卷尺

· 重要程度

A/B

【学习卡七】防火门、窗

· 相关规范条文

《建筑设计防火规范》GB 50016—2014(2018年版)的6.5.1条、6.5.2条，《人民防空工程设计防火规范》GB 50098—2009的4.4.1条、4.4.2条，《建筑防火通用规范》GB 55037—2022的6.4.1条～6.4.7条

· 查验要求

(1)符合经审查合格的消防设计文件要求。

(2)符合《建筑设计防火规范》GB 50016—2014(2018年版)第6.5.1条、6.5.2条，《人民防空工程设计防火规范》GB 50098—2009第4.4.1条、4.4.2条，《建筑防火通用规范》GB 55037—2022第6.4.1条～6.4.7条的规定

• 查验方法

(1)现场核对防火门、窗的位置、耐火极限、完整性。

(2)现场查验防火门的开启方向

• 查验数量要求

居住建筑户内防火门不少于5%、防火窗不少于20樘(扇);其余全数查验

• 查验设备及工具

测距仪、皮尺、卷尺

• 重要程度

A/B

【学习卡八】竖井

• 相关规范条文

《建筑防火通用规范》GB 55037—2022 的2.2.9条、6.3.1条～6.3.4条、6.4.4条、7.1.15条,《建筑设计防火规范》GB 50016—2014(2018年版)的6.2.9条,《汽车库、修车库、停车场设计防火规范》GB 50067—2014的5.3.1条、5.3.2条

• 查验数量要求

竖井全数查验,每个竖井抽查不少于10%的楼层,且不少于3层,小于等于3层的全数查验

• 查验要求

(1)符合经审查合格的消防设计文件要求。

(2)符合《建筑防火通用规范》GB 55037—2022第2.2.9条、6.3.1条～6.3.4条、6.4.4条、7.1.15条,《建筑设计防火规范》GB 50016—2014(2018年版)第6.2.9条,《汽车库、修车库、停车场设计防火规范》GB 50067—2014第5.3.1条、5.3.2条的规定

• 查验方法

(1)现场查验竖井的位置、竖井管道及检查门的防火分隔及封堵情况。

(2)电梯井内是否敷设或穿过可燃气体或甲、乙、丙类液体管道及与电梯运行无关的电线或电缆等。

(3)查阅建设工程施工过程相关资料,现场核查竖井构件的燃烧性能情况,测量竖井的厚度、最小截面尺寸等

• 查验设备及工具

测距仪、皮尺、卷尺

• 重要程度

A

【学习卡九】窗间墙、窗槛墙、玻璃幕墙、防火墙

• 相关规范条文

《建筑防火通用规范》GB 55037—2022 的6.2.1条～6.2.4条、《建筑设计防火规范》GB 50016—2014(2018年版)的6.1.3条、6.1.4条

• 查验要求

(1)符合经审查合格的消防设计文件要求。

(2)符合《建筑防火通用规范》GB 55037—2022 第 6.2.1 条～6.2.4 条,《建筑设计防火规范》GB 50016—2014(2018 年版)第 6.1.3 条、6.1.4 条的规定

• 查验方法

(1)现场测量建筑上、下层开口之间设置的实体墙或防火玻璃的高度。

(2)现场测量防火挑檐的长度、宽度。

(3)现场测量住宅外墙上相邻户开口之间的墙体宽度或凸出外墙的隔板长度。

(4)现场测量楼梯间、前室外墙上的窗户与其他开口之间的间距。

(5)现场测量防火墙两侧及转角处洞口间的距离。

(6)查阅建设工程施工过程相关资料,核查玻璃幕墙每层楼板处防火封堵材料的燃烧性能情况,现场测量防火封堵部位的厚度、最小截面尺寸等

• 查验数量要求

不少于 10%,且不少于 3 层,小于等于 3 层的全数查验

• 查验设备及工具

测距仪、皮尺、卷尺等

• 重要程度

A

【学习卡十】中庭

• 相关规范条文

《建筑防火通用规范》GB 55037—2022 的 2.2.5 条、8.2.2 条,《建筑设计防火规范》GB 50016—2014(2018 年版)的 5.3.2 条,《人民防空工程设计防火规范》GB 50098—2009 的 4.1.6 条

• 查验要求

(1)符合经审查合格的消防设计文件要求。

(2)符合《建筑防火通用规范》GB 55037—2022 第 2.2.5 条、8.2.2 条,《建筑设计防火规范》GB 50016—2014(2018 年版)第 5.3.2 条,《人民防空工程设计防火规范》GB 50098—2009 第 4.1.6 条的规定

• 查验方法

(1)查阅建设工程施工过程相关资料,核对中庭防火分隔构件的燃烧性能,现场测量防火封堵部位材料的厚度、最小截面尺寸等。

(2)现场查验与中庭相连通的门、窗耐火等级。

(3)现场查验是否设置应急排烟排热设施

• 查验数量要求

中庭全数查验,每个中庭查验 10%的楼层,且不少于 3 层,小于等于 3 层的全数查验

·查验设备及工具

测距仪、皮尺、卷尺

·重要程度

A/B

【学习卡十一】用于两侧商铺疏散且有顶棚的步行街

·相关规范条文

《建筑设计防火规范》GB 50016—2014(2018年版)的5.3.6条

·查验要求

(1)符合经审查合格的消防设计文件要求。

(2)符合《建筑设计防火规范》GB 50016—2014(2018年版)第5.3.6条的规定

·查验方法

(1)核对步行街两侧建筑的耐火等级。

(2)现场测量步行街两侧建筑相对面的最近距离。

(3)现场测量步行街长度。

(4)现场测量步行街端部在各层外墙上可开启门窗的面积。

(5)现场测量步行街两侧单间最大商铺的建筑面积。

(6)查阅建设工程施工过程相关资料,核对步行街两侧建筑的商铺之间防火隔墙以及面向步行街一侧商铺的围护构件、防火分隔构件的燃烧性能,现场测量构件的厚度、最小截面尺寸等

·查验数量要求

步行街全数查验,每个步行街查验10%的楼层,且不少于3层,小于等于3层的全数查验

·查验设备及工具

测距仪、皮尺、卷尺

·重要程度

A

【学习卡十二】管道穿越疏散楼梯间、前室

·相关规范条文

《建筑设计防火规范》GB 50016—2014(2018年版)的6.3.6条,《建筑防火通用规范》GB 55037—2022的6.3.5条

·查验要求

(1)符合经审查合格的消防设计文件要求。

(2)符合《建筑设计防火规范》GB 50016—2014(2018年版)第6.3.6条、《建筑防火通用规范》GB 55037—2022第6.3.5条的规定

• 查验方法	• 查验数量要求
现场查看管道穿越防火墙、防火隔墙等防火分隔处所采取的防火措施情况	楼梯间全数查验，每个楼梯间查验10%的楼层，且不少于3层，并查验对应的前室，小于等于3层的全数查验
• 查验设备及工具	**• 重要程度**
直观检查	A

四、任务分配

进行某建设工程建筑平面布置与防火分隔的消防查验的任务分配。

消防查验任务分工表

查验单位（班级）				
查验人员	姓名	执业资格或专业技术资格	职务	任务分工
查验负责人（组长）				
项目组成员（组员）				

五、自主探学

根据任务分工，自主填写消防现场查验原始记录表。

消防现场查验原始记录表

项目名称				涉及阶段	□施工实施阶段 □竣工验收阶段	
日期				查验次数	第　次	
序号	所属分部工程	查验内容	查验位置	现场情况	问题描述	备注
1						
2						
3						
4						
设备仪器：						

六、合作研学

小组交流,教师指导,填写建筑平面布置与防火分隔概况及查验数量一览表。

建筑平面布置与防火分隔概况及查验数量一览表

<table>
<tr><td colspan="2">建筑平面布置与防火分隔概况</td><td colspan="4"></td></tr>
<tr><td colspan="2">名称</td><td>设置情况</td><td>查验数量抽样要求</td><td>查验抽样数量</td><td>查验位置</td></tr>
<tr><td colspan="2">消防控制室</td><td></td><td>全数查验</td><td></td><td></td></tr>
<tr><td colspan="2">消防水泵房</td><td></td><td>全数查验</td><td></td><td></td></tr>
<tr><td colspan="2">民用建筑中其他特殊场所</td><td></td><td>全数查验</td><td></td><td></td></tr>
<tr><td colspan="2">防火分区</td><td></td><td>不少于10%的防火分区,且不少于3个防火分区,小于等于3个防火分区的全数查验;商业营业厅、展览厅等特殊使用场所全数查验</td><td></td><td></td></tr>
<tr><td colspan="2">防火墙</td><td></td><td>不少于10%防火分区的防火墙,且不少于3个防火分区,小于等于3个防火分区的全数查验</td><td></td><td></td></tr>
<tr><td colspan="2">防火卷帘</td><td></td><td>全数查验</td><td></td><td></td></tr>
<tr><td colspan="2">防火门、窗</td><td></td><td>居住建筑户内防火门不少于5%、防火窗不少于20樘(扇);其余全数查验</td><td></td><td></td></tr>
<tr><td colspan="2">竖井</td><td></td><td>竖井全数查验,每个竖井抽查不少于10%的楼层,且不少于3层,小于等于3层的全数查验</td><td></td><td></td></tr>
<tr><td rowspan="4">其他有防火分隔要求的部位</td><td>窗间墙、窗槛墙、玻璃幕墙、防火墙</td><td></td><td>不少于10%,且不少于3层,小于等于3层的全数查验</td><td></td><td></td></tr>
<tr><td>中庭</td><td></td><td>中庭全数查验,每个中庭查验10%的楼层,且不少于3层,小于等于3层的全数查验</td><td></td><td></td></tr>
<tr><td>用于两侧商铺疏散且有顶棚的步行街</td><td></td><td>步行街全数查验,每个步行街查验10%的楼层,且不少于3层,小于等于3层的全数查验</td><td></td><td></td></tr>
<tr><td>管道穿越疏散楼梯间、前室</td><td></td><td>楼梯间全数查验,每个楼梯间查验10%楼层,且不少于3层,并查验对应的前室,小于等于3层的全数查验</td><td></td><td></td></tr>
</table>

七、展示赏学

小组合作完成建筑平面布置与防火分隔查验情况汇总表的填写，每个小组推荐一名组员分享汇报查验情况和结论。

建筑平面布置与防火分隔查验情况汇总表

<table>
<tr><td colspan="3">工程名称</td><td colspan="7"></td></tr>
<tr><td rowspan="2">序号</td><td rowspan="2" colspan="2">查验项目名称</td><td rowspan="2">查验标准</td><td colspan="2">查验内容</td><td colspan="4">查验结果</td></tr>
<tr><td>查验要求</td><td>查验方法</td><td>查验情况</td><td>重要程度</td><td>结论</td><td>备注</td></tr>
<tr><td rowspan="2">1</td><td rowspan="4">平面布置</td><td rowspan="2">消防控制室</td><td rowspan="2">符合经审查合格的消防设计文件要求</td><td>查看设置位置、防火分隔、安全出口</td><td>现场测量、直观检查</td><td>□ 单独建造，耐火等级：____
□ 附设在建筑内，所在楼层：________
疏散门位置：________
防火分隔情况：________</td><td>A</td><td></td><td></td></tr>
<tr><td>查看管道布置、防淹措施</td><td>直观检查</td><td>穿过与消防设施无关的电气线路及管路：
□是 □否
采取防水淹的技术措施：
□是 □否</td><td>A</td><td></td><td></td></tr>
<tr><td rowspan="2">2</td><td rowspan="2">消防水泵房</td><td rowspan="2">符合经审查合格的消防设计文件要求</td><td>查看设置位置、防火分隔、安全出口</td><td>直观检查</td><td>□ 单独建造，耐火等级：____
□ 附设在建筑内，所在楼层：________
疏散门位置：________
防火分隔情况：________</td><td>A</td><td></td><td></td></tr>
<tr><td>查看防淹措施</td><td>直观检查</td><td>采取防水淹的技术措施：
□是 □否</td><td>A</td><td></td><td></td></tr>
</table>

续表

序号	查验项目名称		查验标准	查验内容		查验结果			
				查验要求	查验方法	查验情况	重要程度	结论	备注
3	平面布置	民用建筑中其他特殊场所	符合经审查合格的消防设计文件要求	查看歌舞娱乐放映游艺场所、儿童活动场所、锅炉房、空调机房、厨房、手术室等特殊场所设置位置、防火分隔	现场测量、直观检查	场所类型:□商店建筑、展览建筑 □托儿所、幼儿园的儿童用房 □儿童游乐厅等儿童活动场所 □老年人照料设施 □医院和疗养院 □教学建筑 □食堂 □菜市场 □剧场 □电影院 □礼堂 □会议厅、多功能厅 □歌舞厅 □录像厅 □夜总会 □卡拉 OK 厅(含具有卡拉 OK 功能的餐厅) □游艺厅(含电子游艺厅) □桑拿浴室(不包括洗浴部分) □网吧 □其他歌舞娱乐放映游艺场所(不含剧场、电影院) □医疗建筑内的手术室或手术部、产房、重症监护室、贵重精密医疗装备用房、储藏间、实验室、胶片室 □柴油发电机房 □燃油锅炉房 □燃气锅炉房 □变配电室 □油浸变压器室 □充有可燃油的高压电容器室 □多油开关室 □灭火设备室 □消防水泵房 □通风空气调节机房□消防电梯机房 场所名称、设置位置及特殊要求:________ 防火分隔情况:________	A		
4	防火分隔	防火分区	符合经审查合格的消防设计文件要求	核对防火分区位置、形式及完整性	查阅相应资料、现场测量		A		

续表

序号	查验项目名称		查验标准	查验内容		查验结果			
				查验要求	查验方法	查验情况	重要程度	结论	备注
5	防火分隔	防火墙	符合经审查合格的消防设计文件要求	查看设置位置及方式,查看防火封堵情况,核对墙的燃烧性能	查阅相应资料、现场测量		A		
6	防火分隔	防火卷帘	符合经审查合格的消防设计文件要求	查看设置位置、长度	现场测量、直观检查	查验位置1:________ 铭牌标注卷帘类型:________ 防火卷帘长度:____ m 查验位置2:________ 铭牌标注卷帘类型:________ 防火卷帘长度:____ m ⋮	A/B		
7	防火分隔	防火门、窗	符合经审查合格的消防设计文件要求	查看设置位置、开启方向	现场测量、直观检查	防火门查验位置1:________ 铭牌标注防火门类型:______ 防火门开启方向:________ ⋮ 防火窗查验位置1:________ 铭牌标注防火窗类型:______ ⋮	A/B		
8	防火分隔	竖井	符合经审查合格的消防设计文件要求	查看设置位置和检查门的设置,井壁的耐火极限、防火封堵的严密性	查阅相应资料、现场测量、直观检查	查验竖井1位置:________ 查验楼层:第____层 防火封堵情况:________ 检查门设置位置:________ 查验楼层:________ ⋮ 查验竖井2位置:________ ⋮	A		

续表

<table>
<tr><th rowspan="2">序号</th><th rowspan="2" colspan="2">查验项目名称</th><th rowspan="2">查验标准</th><th colspan="2">查验内容</th><th colspan="4">查验结果</th></tr>
<tr><th>查验要求</th><th>查验方法</th><th>查验情况</th><th>重要程度</th><th>结论</th><th>备注</th></tr>
<tr><td>9</td><td rowspan="4">防火分隔</td><td>窗间墙、窗槛墙、玻璃幕墙、防火墙</td><td>符合经审查合格的消防设计文件要求</td><td>查看窗间墙、窗槛墙、玻璃幕墙、防火墙两侧及转角处洞口等的设置、分隔设施和防火封堵</td><td>查阅相应资料、现场测量</td><td></td><td>A</td><td></td><td></td></tr>
<tr><td>10</td><td>中庭</td><td>符合经审查合格的消防设计文件要求</td><td>查看中庭与周围连通空间的防火分隔</td><td>查阅相应资料、现场测量</td><td></td><td>A/B</td><td></td><td></td></tr>
<tr><td>11</td><td>用于两侧商铺疏散且有顶棚的步行街</td><td>符合经审查合格的消防设计文件要求</td><td>查看步行街两侧建筑的防火分隔</td><td>查阅相应资料、现场测量</td><td>两侧建筑的耐火等级：
□ 一、二级 □ 三级
最大商铺建筑面积：____ m^2</td><td>A</td><td></td><td></td></tr>
<tr><td>12</td><td>管道穿越疏散楼梯间、前室</td><td>符合经审查合格的消防设计文件要求</td><td>查看管道穿越疏散楼梯间、前室处及门窗洞口等防火分隔设置情况</td><td>直观检查</td><td>采用防火封堵技术措施：
□是 □否</td><td>A</td><td></td><td></td></tr>
<tr><td colspan="3">查验结论</td><td colspan="3">□ 符合经审查合格的消防设计文件要求</td><td colspan="4">□ 不符合经审查合格的消防设计文件要求</td></tr>
</table>

任务三　建筑结构耐火查验

一、任务描述

建筑结构耐火是指建筑构件在火灾中能够保持其结构完整性、稳定性和隔热性的能力。建筑结构耐火是建筑防火查验的重要内容，它直接影响建筑物在火灾中的安全性能和使用寿命。在本任务中，你将学习如何根据建筑类别和耐火等级确定建筑结构耐火的查验要求，并对建筑结构耐火进行检查和评价。

二、任务目标

（一）知识目标

（1）熟悉建筑类别和耐火等级的划分原则和标准。

（2）熟悉建筑结构耐火相关规范的内容和适用范围。

（3）掌握不同类别和等级的建筑物对其构件的燃烧性能和耐火极限的要求。

（二）能力目标

（1）能够根据实际工程情况选择合适的建筑类别和耐火等级。

（2）能够对建筑结构耐火设计及实施情况进行检查和评价，并编制工程竣工验收（消防查验）报告。

（3）能够根据建设工程施工图纸或设计方案，判断该建筑结构耐火的设计原则和方法是否正确。

（三）素质目标

（1）培养消防查验工作人员对消防安全的责任感和意识，增强防患于未然的意识。

（2）培养消防查验工作人员创新思维和解决问题的能力，能够针对不同的工程特点和难点提出合理的设计方案。

（3）能够运用互联网技术等信息化手段查询、分析和处理相关数据，提高工作效率和质量。

三、相关知识链接

【学习卡一】建筑类别

• 相关规范条文

《建筑设计防火规范》GB 50016—2014（2018 年版）的 5.1.1 条及附录 A，《汽车库、修车库、停车场设计防火规范》GB 50067—2014 的 3.0.1 条，《人民防空工程设计防火规范》GB 50098—2009 的 3.1.1 条

• 查验方法

查阅建设工程施工过程相关资料,现场测量、核对建筑的规模(面积、高度、层数)和性质

• 查验要求

(1)符合经审查合格的消防设计文件要求。

(2)符合《建筑设计防火规范》GB 50016—2014(2018年版)第5.1.1条及附录A、《汽车库、修车库、停车场设计防火规范》GB 50067—2014第3.0.1条、《人民防空工程设计防火规范》GB 50098—2009第3.3.1条的规定

• 查验数量要求

全数查验

• 查验设备及工具

直观检查

• 重要程度

A

【学习卡二】耐火等级

• 相关规范条文

《建筑设计防火规范》GB 50016—2014(2018年版)的5.1.2条、5.1.5条~5.1.9条,《汽车库、修车库、停车场设计防火规范》GB 50067—2014的3.0.2条、3.0.3条,《人民防空工程设计防火规范》GB 50098—2009的4.3.2条,《建筑防火通用规范》GB 55037—2022的5.1条、5.2条、5.3条

• 查验方法

查阅建设工程施工过程相关资料,核对建筑构件材料燃烧性能情况,现场测量建筑构件的厚度、最小截面尺寸等

• 查验要求

(1)符合经审查合格的消防设计文件要求。

(2)符合《建筑设计防火规范》GB 50016—2014(2018年版)第5.1.2条、5.1.5条~5.1.9条,《汽车库、修车库、停车场设计防火规范》GB 50067—2014第3.0.2条、3.0.3条,《人民防空工程设计防火规范》GB 50098—2009第4.3.2条、《建筑防火通用规范》GB 55037—2022第5.1条、5.2条、5.3条的规定

• 查验数量要求

不少于10%的楼层,且不少于3层,小于等于3层的全数查验

• 查验设备及工具

直观检查

• 重要程度

A

四、任务分配

进行某建设工程建筑结构耐火消防查验的任务分配。

消防查验任务分工表

<table>
<tr><td>查验单位
（班级）</td><td colspan="4"></td></tr>
<tr><td>查验人员</td><td>姓名</td><td>执业资格或
专业技术资格</td><td>职务</td><td>任务分工</td></tr>
<tr><td>查验负责人
（组长）</td><td></td><td></td><td></td><td></td></tr>
<tr><td rowspan="3">项目组成员
（组员）</td><td></td><td></td><td></td><td></td></tr>
<tr><td></td><td></td><td></td><td></td></tr>
<tr><td></td><td></td><td></td><td></td></tr>
</table>

五、自主探学

根据任务分工，自主填写消防现场查验原始记录表。

消防现场查验原始记录表

<table>
<tr><td>项目名称</td><td colspan="3"></td><td>涉及阶段</td><td colspan="2">□施工实施阶段
□竣工验收阶段</td></tr>
<tr><td>日期</td><td colspan="3"></td><td>查验次数</td><td colspan="2">第　次</td></tr>
<tr><td>序号</td><td>所属分部工程</td><td>查验内容</td><td>查验位置</td><td>现场情况</td><td>问题描述</td><td>备注</td></tr>
<tr><td>1</td><td></td><td></td><td></td><td></td><td></td><td></td></tr>
<tr><td>2</td><td></td><td></td><td></td><td></td><td></td><td></td></tr>
<tr><td>3</td><td></td><td></td><td></td><td></td><td></td><td></td></tr>
<tr><td>4</td><td></td><td></td><td></td><td></td><td></td><td></td></tr>
<tr><td colspan="7">设备仪器：</td></tr>
</table>

六、合作研学

小组交流，教师指导，填写建筑结构耐火概况及查验数量一览表。

建筑结构耐火概况及查验数量一览表

<table>
<tr><td>建筑结构耐火概况</td><td colspan="4"></td></tr>
<tr><td>名称</td><td>设置情况</td><td>查验数量抽样要求</td><td>查验抽样数量</td><td>查验位置</td></tr>
<tr><td>建筑类别</td><td></td><td>全数查验</td><td></td><td></td></tr>
<tr><td>耐火等级</td><td></td><td>不少于10%的楼层,且不少于3层,小于等于3层的全数查验</td><td></td><td></td></tr>
</table>

七、展示赏学

小组合作完成建筑结构耐火查验情况汇总表的填写,每个小组推荐一名组员分享汇报查验情况和结论。

建筑结构耐火查验情况汇总表

<table>
<tr><td colspan="3">工程名称</td><td colspan="7"></td></tr>
<tr><td rowspan="2">序号</td><td rowspan="2" colspan="2">查验项目名称</td><td rowspan="2">查验标准</td><td colspan="2">查验内容</td><td colspan="4">查验结果</td></tr>
<tr><td>查验要求</td><td>查验方法</td><td>查验情况</td><td>重要程度</td><td>结论</td><td>备注</td></tr>
<tr><td>1</td><td rowspan="2">建筑结构耐火</td><td>建筑类别</td><td rowspan="2">符合经审查合格的消防设计文件要求</td><td>核对建筑的规模(面积、高度、层数)和性质</td><td>查阅相应资料、现场测量</td><td>建筑高度:____m
层数:____层
建筑类别:______</td><td>A</td><td></td><td></td></tr>
<tr><td>2</td><td>耐火等级</td><td>核对建筑耐火等级,查阅相应资料,查看建筑主要构件(含钢结构)的燃烧性能和耐火极限</td><td>查阅相应资料、现场测量</td><td>查验部位:______
查验情况:______</td><td>A</td><td></td><td></td></tr>
<tr><td colspan="3">查验结论</td><td colspan="3">□ 符合经审查合格的消防设计文件要求</td><td colspan="4">□ 不符合经审查合格的消防设计文件要求</td></tr>
</table>

任务四　建筑构造与装修查验

一、任务描述

建筑构造与装修是影响建筑防火性能的重要因素,不合理的构造与装修会增加火灾发生的可能性和蔓延的速度，给人员疏散和消防救援带来困难。因此，进行建设工程消防查验时，应对建筑构造与装修进行严格的检查和评价，确保其符合消防要求。本任务旨在让你了解和掌握建筑构造与装修的消防查验内容、方法和标准，以及如何编制工程竣工验收（消防查验）报告中建筑构造与装修部分的内容。

二、任务目标

（一）知识目标

（1）掌握建筑构造与装修查验的基本要求、程序和文书格式。

（2）掌握装修材料的分类和分级、特别场所的装修要求、民用建筑和厂房仓库的装修要求等相关标准。

（3）熟悉建筑构造与装修的检查和评价标准。

（二）能力目标

（1）能够根据法律法规和技术规范对建设工程的建筑构造与装修进行消防查验，填写现场消防查验原始记录表。

（2）能够根据消防查验结果编制工程竣工验收（消防查验）报告，并进行自我评价和改进。

（3）能够运用专业知识和技能解决实际工作中遇到的建筑构造与装修消防查验问题。

（三）素质目标

（1）培养消防查验工作人员对消防安全的责任感和意识，遵守消防法规和规范，维护公共安全和利益。

（2）培养消防查验工作人员对消防专业的兴趣和热爱，不断学习和更新消防知识和技能，提高自身素质和能力。

（3）培养消防查验工作人员诚实守信、严谨细致、公正客观、积极主动等职业道德和素养。

三、相关知识链接

【学习卡一】建筑外墙保温

• 相关规范条文

《建筑设计防火规范》GB 50016—2014（2018年版）的6.7.1条、6.7.3条、6.7.7条～6.7.10条，《建筑防火通用规范》GB 55037—2022的6.6条

• 查验数量要求

每类检验批查验不少于10％，且不少于3批，小于等于3批的全数查验

• 查验要求

(1)符合经审查合格的消防设计文件要求。

(2)符合《建筑设计防火规范》GB 50016—2014(2018年版)第6.7.1条~6.7.3条、6.7.7条~6.7.10条,《建筑防火通用规范》GB 55037—2022第6.6条的规定

• 查验方法

(1)现场测量保温材料防护层的敷设厚度等。

(2)现场测量防火隔离带的设置宽度。

(3)现场查验保温材料中电气线路穿越或敷设情况等。

(4)查阅建设工程施工过程相关资料,现场核对建筑外墙保温材料及防护层的燃烧性能等级

• 查验设备及工具

测距仪、皮尺、卷尺

• 重要程度

A

【学习卡二】建筑外墙装饰

• 相关规范条文

《建筑设计防火规范》GB 50016—2014(2018年版)的6.2.10条、6.7.12条

• 查验数量要求

每类检验批查验不少于10%,且不少于3批,小于等于3批的全数查验

• 查验要求

(1)符合经审查合格的消防设计文件要求。

(2)符合《建筑设计防火规范》GB 50016—2014(2018年版)第6.2.10条、第6.7.12条的规定

• 查验方法

(1)现场查验外墙装饰层电气线路的敷设以及用电设备的情况等。

(2)查阅建设工程施工过程相关资料,现场核对建筑外墙装饰层材料燃烧性能等

• 查验设备及工具

皮尺、卷尺

• 重要程度

B

【学习卡三】建筑屋面保温

• 相关规范条文

《建筑设计防火规范》GB 50016—2014(2018年版)的6.7.10条、6.7.11条,《建筑防火通用规范》GB 55037—2022的6.6.4条

• 查验数量要求

每类检验批查验不少于10%,且不少于3批,小于等于3批的全数查验

• 查验要求	• 查验方法
(1)符合经审查合格的消防设计文件要求。 (2)符合《建筑设计防火规范》GB 50016—2014(2018 年版)第 6.7.10 条、6.7.11条,《建筑防火通用规范》GB 55037—2022 第 6.6.4 条的规定	(1)现场核对建筑外墙保温系统形式、设置部位等。 (2)现场测量屋面与外墙之间防火隔离带的设置宽度。 (3)查阅建设工程施工过程相关资料,现场核对建筑外墙保温材料及防护层的燃烧性能等级,测量保温材料防护层的敷设厚度等
• 查验设备及工具	**• 重要程度**
皮尺、卷尺	A

【学习卡四】建筑内部装修

• 相关规范条文	• 查验要求
《建筑防火通用规范》GB 55037—2022 的 6.5.1 条～6.5.7 条,《建筑内部装修设计防火规范》GB 50222—2017 的 4.0.1 条	符合经审查合格的消防设计文件要求
• 查验方法	**• 查验数量要求**
现场核对装修范围、使用功能	全数查验
• 查验设备及工具	**• 重要程度**
根据设计文件现场核查	A

【学习卡五】对疏散设施、消防设施影响

• 相关规范条文	• 查验要求
《建筑防火通用规范》GB 55037—2022 的 6.5.1 条、6.5.2 条,《建筑内部装修设计防火规范》GB 50222—2017 的 4.0.2 条	(1)符合经审查合格的消防设计文件要求。 (2)符合《建筑防火通用规范》GB 55037—2022 第 6.5.1 条、6.5.2 条,《建筑内部装修设计防火规范》GB 50222—2017 第 4.0.2条的规定

• 查验方法

此部分内容可引用安全出口及相关消防设施分项工程相关查验记录

• 查验数量要求

此部分可参照安全出口分项工程查验比例查验

• 查验设备及工具

测距仪、皮尺、卷尺

• 重要程度

A

【学习卡六】纺织织物、木质材料、高分子合成材料、复合材料、其他材料

• 相关规范条文

《建筑内部装修设计防火规范》GB 50222—2017 第3章

• 查验要求

(1)符合经审查合格的消防设计文件要求。

(2)符合《建筑内部装修设计防火规范》GB 50222—2017 第3章的规定

• 查验方法

(1)现场核对装修材料使用场所和使用部位。

(2)核对建筑内部装修防火设计审核文件、申请报告、设计图纸、装修材料的燃烧性能设计要求、设计变更通知单、施工单位的资质证明等。

(3)核对并记录进场验收记录,包括所用装修材料的清单、数量、合格证及防火性能型式检验报告。

(4)核对并记录隐蔽工程施工防火验收记录和工程质量事故处理报告等。

(5)核对并记录装修施工过程中所用防火装修材料的见证取样检验报告。

(6)核对并记录装修施工过程中的抽样检验报告,包括隐蔽工程的施工过程中及完工后的抽样检验报告。

(7)核对并记录装修施工过程中现场进行涂刷、喷涂等阻燃处理的抽样检验报告

• 查验数量要求

每类检验批查验不少于10%,且不少于3批,小于等于3批的全数查验

• 查验设备及工具

直观检查

• 重要程度

A

四、任务分配

进行某建设工程建筑构造与装修的消防查验的任务分配。

消防查验任务分工表

<table>
<tr><td>查验单位
（班级）</td><td colspan="4"></td></tr>
<tr><td>查验人员</td><td>姓名</td><td>执业资格或
专业技术资格</td><td>职务</td><td>任务分工</td></tr>
<tr><td>查验负责人
（组长）</td><td></td><td></td><td></td><td></td></tr>
<tr><td rowspan="3">项目组成员
（组员）</td><td></td><td></td><td></td><td></td></tr>
<tr><td></td><td></td><td></td><td></td></tr>
<tr><td></td><td></td><td></td><td></td></tr>
</table>

五、自主探学

根据任务分工，自主填写消防现场查验原始记录表。

消防现场查验原始记录表

<table>
<tr><td>项目名称</td><td colspan="3"></td><td>涉及阶段</td><td colspan="2">□施工实施阶段
□竣工验收阶段</td></tr>
<tr><td>日期</td><td colspan="3"></td><td>查验次数</td><td colspan="2">第　次</td></tr>
<tr><td>序号</td><td>所属分部工程</td><td>查验内容</td><td>查验位置</td><td>现场情况</td><td>问题描述</td><td>备注</td></tr>
<tr><td>1</td><td></td><td></td><td></td><td></td><td></td><td></td></tr>
<tr><td>2</td><td></td><td></td><td></td><td></td><td></td><td></td></tr>
<tr><td>3</td><td></td><td></td><td></td><td></td><td></td><td></td></tr>
<tr><td>4</td><td></td><td></td><td></td><td></td><td></td><td></td></tr>
<tr><td colspan="7">设备仪器：</td></tr>
</table>

六、合作研学

小组交流，教师指导，填写建筑构造与装修概况及查验数量一览表。

建筑构造与装修概况及查验数量一览表

<table>
<tr><td>建筑构造与
装修概况</td><td colspan="4"></td></tr>
<tr><td>名称</td><td>设置情况</td><td>查验数量抽样要求</td><td>查验抽样数量</td><td>查验位置</td></tr>
<tr><td>建筑外墙保温</td><td></td><td>每类检验批查验不少于10%，且不少于3批，小于等于3批的全数查验</td><td></td><td></td></tr>
<tr><td>建筑外墙装饰</td><td></td><td>每类检验批查验不少于10%，且不少于3批，小于等于3批的全数查验</td><td></td><td></td></tr>
</table>

续表

名称	设置情况	查验数量抽样要求	查验抽样数量	查验位置
建筑屋面保温		每类检验批查验不少于10%,且不少于3批,小于等于3批的全数查验		
建筑内部装修		全数查验		
对疏散设施、消防设施影响		参照安全出口分项工程查验比例		
纺织织物		每类检验批查验不少于10%,且不少于3批,小于等于3批的全数查验		
木质材料		每类检验批查验不少于10%,且不少于3批,小于等于3批的全数查验		
高分子合成材料		每类检验批查验不少于10%,且不少于3批,小于等于3批的全数查验		
复合材料		每类检验批查验不少于10%,且不少于3批,小于等于3批的全数查验		
其他材料		每类检验批查验不少于10%,且不少于3批,小于等于3批的全数查验		

七、展示赏学

小组合作完成建筑构造与装修查验情况汇总表的填写,每个小组推荐一名组员分享汇报查验情况和结论。

建筑构造与装修查验情况汇总表

<table>
<tr><td colspan="4">工程名称</td><td colspan="6"></td></tr>
<tr><td rowspan="2">序号</td><td colspan="2" rowspan="2">查验项目名称</td><td rowspan="2">查验标准</td><td colspan="2">查验内容</td><td colspan="4">查验结果</td></tr>
<tr><td>查验要求</td><td>查验方法</td><td>查验情况</td><td>重要程度</td><td>结论</td><td>备注</td></tr>
<tr><td>1</td><td rowspan="2">建筑外墙保温及外墙装饰</td><td>建筑外墙保温</td><td rowspan="2">符合经审查合格的消防设计文件要求</td><td>核对建筑外墙保温系统的设置位置、设置形式,查阅报告,核对保温材料的燃烧性能</td><td>查阅相应资料、现场测量</td><td></td><td>A</td><td></td><td></td></tr>
<tr><td>2</td><td>建筑外墙装饰</td><td>查阅有关防火性能的证明文件</td><td>查阅相应资料</td><td></td><td>B</td><td></td><td></td></tr>
</table>

续表

序号	查验项目名称	查验标准	查验内容		查验结果			
			查验要求	查验方法	查验情况	重要程度	结论	备注
3	建筑屋面保温	符合经审查合格的消防设计文件要求	核对建筑屋面保温系统的设置位置、设置形式，查阅报告，核对保温材料的燃烧性能	查阅相应资料		A		
4	建筑内部装修	符合经审查合格的消防设计文件要求	现场核对装修范围、使用功能	直观检查	装修范围：____层 使用功能：____	A		
5	对疏散设施、消防设施影响		查看安全出口、疏散出口、疏散走道数量、测量疏散宽度，查看影响消防设施使用的功能空间	查阅相应资料、现场测量		A		
6	纺织织物		查看有关防火性能的证明文件、施工记录	查阅相应资料、直观检查		A		
7	木质材料			查阅相应资料、直观检查		A		
8	高分子合成材料			查阅相应资料、直观检查		A		
9	复合材料			查阅相应资料、直观检查		A		
10	其他材料			查阅相应资料、直观检查		A		
查验结论		□ 符合经审查合格的消防设计文件要求			□ 不符合经审查合格的消防设计文件要求			

任务五　安全疏散与避难设施查验

一、任务描述

安全疏散与避难设施是建筑消防安全的重要组成部分,它们的设置和使用直接关系到人员的生命安全。安全疏散与避难设施包括疏散走道、安全出口、避难层、消防电梯等,进行建设工程消防查验时,应当对这些设施进行全面的检查,确保其符合消防设计要求和消防技术标准,能够在火灾发生时发挥有效的作用。本任务的目的是让你掌握安全疏散与避难设施查验的基本方法和步骤,以及相关的法律法规和技术规范。

二、任务目标

(一)知识目标

(1)掌握安全疏散与避难设施的分类、功能和设置要求。

(2)熟悉安全疏散与避难设施查验的相关法律法规和技术规范。

(二)能力目标

(1)能够根据消防设计要求和消防技术标准,对安全疏散与避难设施进行全面的检查。

(2)能够根据查验结果填写现场消防查验原始记录表,并编制工程竣工验收(消防查验)报告。

(3)能够通过实际工程案例检测自己的学习效果,及时发现并解决问题。

(三)素质目标

(1)培养消防查验工作人员消防安全意识和责任感,重视人员生命安全和财产保护,能够在火灾发生时正确使用安全疏散与避难设施。

(2)培养消防查验工作人员科学思维和创新能力,能够运用所学知识解决实际问题,能够对安全疏散与避难设施的设计、设置和使用提出合理的建议和改进措施。

(3)培养消防查验工作人员团队合作和沟通能力,能够与他人有效交流和协作,能够在消防查验过程中遵守规范和程序,能够及时汇报和反馈查验结果和问题。

三、相关知识链接

【学习卡一】安全出口

·相关规范条文

《建筑设计防火规范》GB 50016—2014(2018年版)的5.5.1条、5.5.2条、5.5.5条、5.5.7条、5.5.9条～5.5.11条、5.5.16条、5.5.19条～5.5.21条、5.5.28条,《汽车库、修车库、停车场设计防火规范》GB 50067—2014的6.0.2条、6.0.6条、6.0.8条～6.0.15条,《人民防空工程设计防火规范》GB 50098—2009的5.1.1条～5.1.4条、5.1.6条、5.1.8条,《建筑防火通用规范》GB 55037—2022的4.3.2条、7.1.1条～7.1.11条、7.1.17条～7.1.18条、7.2.1条～7.2.4条、7.3.1条、7.3.2条、7.4.1条～7.4.7条

·查验要求

(1)符合经审查合格的消防设计文件要求。

(2)符合《建筑设计防火规范》GB 50016—2014(2018年版)第5.5.1条、5.5.2条、5.5.5条、5.5.7条、5.5.9条～5.5.11条、5.5.16条、5.5.19条～5.5.21条、5.5.28条,《汽车库、修车库、停车场设计防火规范》GB 50067—2014第6.0.2条、6.0.6条、6.0.8～6.0.15条,《人民防空工程设计防火规范》GB 50098—2009第5.1.1条～5.1.4条、5.1.6条、5.1.8条,《建筑防火通用规范》GB 55037—2022的4.3.2条、7.1.1条～7.1.11条、7.1.17条～7.1.18条、7.2.1条～7.2.4条、7.3.1条、7.3.2条、7.4.1条～7.4.7条的规定

·查验方法

(1)现场查验安全出口的设置形式、位置和数量。

(2)现场核对疏散楼梯间、前室的防烟措施,测量自然补风开口面积。

(3)现场查验地下室、半地下室与地上层共用楼梯的防火分隔。

(4)现场测量场所疏散总宽度、防火分区通向相邻防火分区的疏散净宽度、建筑内安全出口净宽度。

(5)现场测量疏散楼梯梯段最小净宽度。

(6)现场测量首层消防电梯前室、楼梯间及其前室至直通室外出口的距离。

(7)现场测量剪刀梯楼梯间入口至最近疏散门的距离。

(8)现场测量最近两个安全出口之间的距离。

(9)现场测量汽车库室内最不利点至人员安全出口的疏散距离。

(10)现场测量位于两个安全出口之间的疏散门、位于袋形走道两侧或尽端的疏散门至最近安全出口的距离等。

(11)测量前室面积(合用前室)的使用面积、尺寸。

(12)现场测量其他疏散距离

• 查验数量

(1)安全出口设置形式、位置和数量:全数查验。

(2)现场核对疏散楼梯间、前室的防烟措施:楼梯间全数查验,并查验对应的前室,每个楼梯间查验10%楼层,且不少于3层,小于等于3层的全数查验。

(3)地下室、半地下室与地上层共用楼梯的防火分隔:全数查验。

(4)场所疏散总宽度、防火分区通向相邻防火分区的疏散净宽度、建筑内安全出口净宽度:营业厅、展览厅、歌舞娱乐放映游艺场所等人员密集场所全数抽查,其他场所抽查数不应少于10%的楼层,且不少于3层,小于等于3层的全数查验。

(5)疏散楼梯梯段最小净宽度:楼梯间全数查验,每个楼梯间查验10%楼层,且不少于3层,小于等于3层的全数查验。

(6)首层消防电梯前室、楼梯间及其前室至直通室外出口的距离:全数查验。

(7)剪刀梯楼梯间入口至最近疏散门的距离:楼梯间全数查验,每个楼梯间查验10%楼层,且不少于3层,小于等于3层的全数查验。

(8) 最近两个安全出口之间的距离:观众厅、展览厅、多功能厅、餐厅、营业厅等全数查验,其他不同用途的每类场所查验不少于5%楼层,且不少于3层,小于等于3层的全数查验。

(9) 汽车库室内最不利点至人员安全出口的疏散距离:不少于10%的防火分区,且不少于3个,小于等于3个的全数查验。

(10) 位于两个安全出口之间的疏散门、位于袋形走道两侧或尽端的疏散门至最近安全出口的距离:每类场所查验不少于5%楼层,且不少于3层,小于等于3层的全数查验。

(11) 其他疏散距离:查验不少于5%楼层,且不少于3层,小于等于3层的全数查验。

(12) 测量前室面积(合用前室)的使用面积、尺寸:每个消防电梯对应的消防电梯前室或合用前室查验不少于20%楼层,且不少于3层;每个楼梯间对应的前室不少于10%楼层,且不少于3层;小于等于3层的全数查验

• 查验设备及工具

测距仪、皮尺、卷尺

• 重要程度

A

【学习卡二】疏散门

• 相关规范条文

《建筑设计防火规范》GB 50016—2014(2018年版)的5.5.1条、5.5.2条、5.5.16条、5.5.20条、5.5.21条、5.5.32条,《汽车库、修车库、停车场设计防火规范》GB 50067—2014的6.0.6条,《人民防空工程设计防火规范》GB 50098—2009的5.1.2条~5.1.7条,《建筑防火通用规范》GB 55037—2022的4.3.2条、7.1.3条、7.1.4条~7.1.7条、7.1.18条、7.2.3条、7.4.2条、7.4.6条、7.4.7条

• 查验方法

(1)现场查验疏散门的设置位置、形式、数量及开启方向。

(2)现场测量房间内最远点至疏散门的距离。

(3)现场测量疏散门宽度

• 查验要求

(1)符合经审查合格的消防设计文件要求。

(2)符合《建筑设计防火规范》GB 50016—2014(2018年版)第5.5.1条、5.5.2条、5.5.16条、5.5.20条、5.5.21条、5.5.32条,《汽车库、修车库、停车场设计防火规范》GB 50067—2014第6.0.6条,《人民防空工程设计防火规范》GB 50098—2009第5.1.2条～5.1.7条,《建筑防火通用规范》GB 55037—2022第4.3.2条、7.1.3条、7.1.4条～7.1.7条、7.1.18条、7.2.3条、7.4.2条、7.4.6条、7.4.7条的规定

• 查验数量

(1)疏散门的设置位置、形式、数量及开启方向:不少于5%楼层,且不少于3层,小于等于3层的全数查验。

(2)房间内最远点至疏散门的距离:观众厅、展览厅、多功能厅、餐厅、营业厅等全数查验,其他不同用途的每类场所查验不少于5%楼层,且不少于3层,小于等于3层的全数查验。

(3)疏散门宽度:人员密集的公共场所、观众厅全数查验,其他不同用途的每类场所查验不少于5%楼层,且不少于3层,小于等于3层的全数查验

• 查验设备及工具

测距仪、皮尺、卷尺

• 重要程度

A

【学习卡三】疏散走道

• 相关规范条文

《建筑防火通用规范》GB 55037—2022的7.1.4条、7.1.5条、7.1.7条、7.4.7条,《建筑设计防火规范》GB 50016—2014(2018年版)的3.7.5条、5.5.2条、5.5.20条,《人民防空工程设计防火规范》GB 50098—2009的5.1.6条、5.1.7条、5.2.6条

• 查验数量

不少于5%楼层,且不少于3层,小于等于3层的全数查验

• 查验要求

(1)符合经审查合格的消防设计文件要求。

(2)符合《建筑防火通用规范》GB 55037—2022第7.1.4条、7.1.5条、7.1.7条、7.4.7条,《建筑设计防火规范》GB 50016—2014(2018年版)第3.7.5条、5.5.2条、5.5.20条,《人民防空工程设计防火规范》GB 50098—2009第5.1.6条、5.1.7条、5.2.6条的规定

• 查验方法

(1)现场查验疏散走道排烟形式、布房类型。

(2)现场测量疏散走道最小净宽度。

(3)现场查验位于疏散走道中的门的耐火等级和开启方向

• 查验设备及工具

测距仪、皮尺、卷尺

• 重要程度

A

【学习卡四】避难层(间)

• 相关规范条文

《建筑防火通用规范》GB 55037—2022 的 7.1.1 条、7.1.9 条、7.1.14 条~7.1.16 条、7.4.8 条,《建筑设计防火规范》GB 50016—2014(2018 年版)的 5.5.1 条、5.5.24A、5.5.32

• 查验数量要求

全数查验

• 查验要求

(1)符合经审查合格的消防设计文件要求。

(2)符合《建筑防火通用规范》GB 55037—2022 第 7.1.1 条、7.1.9 条、7.1.14 条~7.1.16 条、7.4.8 条,《建筑设计防火规范》GB 50016—2014(2018 年版)第 5.5.1 条、5.5.24A、5.5.32 条的规定

• 查验方法

(1)现场测量避难层(间)的楼地面至灭火救援场地地面的高度(重要程度 A)。

(2)现场查验避难层(间)防烟情况(重要程度 A)。

(3)现场查验疏散楼梯、消防电梯设置情况(重要程度 A)。

(4)现场查验住宅每户内避难房间设置情况(重要程度 B)。

• 查验设备及工具

测距仪、皮尺、卷尺

• 重要程度

A/B

【学习卡五】避难走道、防火隔间

• 相关规范条文

《建筑设计防火规范》GB 50016—2014(2018 年版)的 6.4.13 条、6.4.14 条,《人民防空工程设计防火规范》GB 50098—2009 的 3.1.8条、5.2.5 条

• 查验数量要求

全数查验

• 查验要求

(1)符合经审查合格的消防设计文件要求。

(2)符合《建筑设计防火规范》GB 50016—2014(2018 年版)第 6.4.13 条、6.4.14 条,《人民防空工程设计防火规范》GB 50098—2009 第 3.1.8 条、5.2.5 条的规定

• 查验方法

(1)现场测量任一防火分区通向避难走道的门至该避难走道最近直通地面的出口的距离。

(2)现场测量防火分区至避难走道入口处设置的防烟前室面积。

(3)现场测量防火隔间的建筑面积。

(4)测量不同防火分区通向防火隔间的门的最小间距。

(5)现场核对、查验防烟条件

• 查验设备及工具

测距仪、皮尺、卷尺

• 重要程度

A

【学习卡六】下沉广场

• 相关规范条文

《建筑设计防火规范》GB 50016—2014(2018年版)的6.4.12条、6.4.13条,《人民防空工程设计防火规范》GB 50098—2009的3.1.7条

• 查验数量要求

全数查验

• 查验要求

(1)符合经审查合格的消防设计文件要求。

(2)符合《建筑设计防火规范》GB 50016—2014(2018年版)第6.4.12条、6.4.13条,《人民防空工程设计防火规范》GB 50098—2009第3.1.7条的规定

• 查验方法

(1)现场测量下沉广场用于疏散的净面积。

(2)现场测量室外疏散楼梯总净宽度

• 查验设备及工具

测距仪、皮尺、卷尺

• 重要程度

A

【学习卡七】消防电梯(含火灾时用于辅助人员疏散的电梯或设置在消防电梯、疏散楼梯间前室内的非消防电梯)

• 相关规范条文

《建筑防火通用规范》GB 55037—2022的2.2.6条、2.2.8条、2.2.9条、2.2.10条、6.4.3条、7.1.12条、7.1.13条、7.1.15条、7.1.16条,《建筑设计防火规范》GB 50016—2014(2018年版)的7.3.4条、7.3.5条、7.3.7条

• 查验要求

(1)符合经审查合格的消防设计文件要求。

(2)符合《建筑防火通用规范》GB 55037—2022第2.2.6条、2.2.8条~2.2.10条、6.4.3条、7.1.12条、7.1.13条、7.1.15条、7.1.16条,《建筑设计防火规范》GB 50016—2014(2018年版)第7.3.4条、7.3.5条、7.3.7条的规定

• 查验方法

(1)现场查验消防电梯的设置位置、数量。

(2)根据建设工程施工过程资料,现场核对消防电梯载重量、电梯排水泵的排水流量、排水井容量等。

(3)现场测试消防电梯专用对讲电话和专用操作按钮。

(4)根据建设工程施工过程资料,现场查验消防电梯轿厢内装修材料的燃烧性能

• 查验数量要求

全数查验

• 查验设备及工具

测距仪、皮尺、卷尺

• 重要程度

A/B

四、任务分配

进行某建设工程安全疏散与避难设施的消防查验的任务分配。

消防查验任务分工表

查验单位 (班级)				
查验人员	姓名	执业资格或 专业技术资格	职务	任务分工
查验负责人 (组长)				
项目组成员 (组员)				

五、自主探学

根据任务分工,自主填写消防现场查验原始记录表。

消防现场查验原始记录表

<table>
<tr><td>项目名称</td><td colspan="3"></td><td>涉及阶段</td><td colspan="2">□施工实施阶段
□竣工验收阶段</td></tr>
<tr><td>日期</td><td colspan="3"></td><td>查验次数</td><td colspan="2">第　次</td></tr>
<tr><td>序号</td><td>所属分部工程</td><td>查验内容</td><td>查验位置</td><td>现场情况</td><td>问题描述</td><td>备注</td></tr>
<tr><td>1</td><td></td><td></td><td></td><td></td><td></td><td></td></tr>
<tr><td>2</td><td></td><td></td><td></td><td></td><td></td><td></td></tr>
<tr><td>3</td><td></td><td></td><td></td><td></td><td></td><td></td></tr>
<tr><td>4</td><td></td><td></td><td></td><td></td><td></td><td></td></tr>
<tr><td colspan="7">设备仪器：</td></tr>
</table>

六、合作研学

小组交流，教师指导，填写安全疏散与避难设施概况及查验数量一览表。

安全疏散与避难设施概况及查验数量一览表

<table>
<tr><td colspan="2">安全疏散与避难设施概况</td><td colspan="4"></td></tr>
<tr><td colspan="2">名称</td><td>设置情况</td><td>查验数量抽样要求</td><td>查验抽样数量</td><td>查验位置</td></tr>
<tr><td rowspan="5">安全出口</td><td>设置形式、位置和数量</td><td></td><td>全数查验</td><td></td><td></td></tr>
<tr><td>疏散楼梯间、前室的防烟措施</td><td></td><td>楼梯间全数查验，每个楼梯间查验10%楼层，且不少于3层，并查验对应的前室，小于等于3层的全数查验</td><td></td><td></td></tr>
<tr><td>地下室、半地下室与地上层共用楼梯的防火分隔</td><td></td><td>全数查验</td><td></td><td></td></tr>
<tr><td>场所疏散总宽度</td><td></td><td>营业厅、展览厅、歌舞娱乐放映游艺场所等人员密集场所全数抽查，其他场所抽查数不应少于10%楼层，且不少于3层，小于等于3层的全数查验</td><td></td><td></td></tr>
<tr><td>防火分区通向相邻防火分区的疏散净宽度</td><td></td><td>营业厅、展览厅、歌舞娱乐放映游艺场所等人员密集场所全数抽查，其他场所抽查数不应少于10%楼层，且不少于3层，小于等于3层的全数查验</td><td></td><td></td></tr>
</table>

续表

名称		设置情况	查验数量抽样要求	查验抽样数量	查验位置
安全出口	建筑内安全出口净宽度		营业厅、展览厅、歌舞娱乐放映游艺场所等人员密集场所全数抽查,其他场所抽查数不应少于10%楼层,且不少于3层,小于等于3层的全数查验		
	疏散楼梯梯段最小净宽度		楼梯间全数查验,每个楼梯间查验10%楼层,且不少于3层,小于等于3层的全数查验		
	首层消防电梯前室、楼梯间及其前室至直通室外出口的距离		全数查验		
	剪刀梯楼梯间入口至最近疏散门的距离		楼梯间全数查验,每个楼梯间查验10%楼层,且不少于3层,小于等于3层的全数查验		
	最近两个安全出口之间的距离		观众厅、展览厅、多功能厅、餐厅、营业厅等全数查验,其他不同用途的每类场所查验不少于5%楼层,且不少于3层,小于等于3层的全数查验		
	汽车库室内最不利点至人员安全出口的疏散距离		查验不少于10%的防火分区,且不少于3个,小于等于3个的全数查验		
	位于两个安全出口之间的疏散门、位于袋形走道两侧或尽端的疏散门至最近安全出口的距离		每类场所查验不少于5%楼层,且不少于3层,小于等于3层的全数查验		
	其他疏散距离		查验不少于5%楼层,且不少于3层,小于等于3层的全数查验		

续表

名称		设置情况	查验数量抽样要求	查验抽样数量	查验位置
安全出口	测量前室面积(合用前室)的使用面积、尺寸		每个消防电梯对应的消防电梯前室或合用前室查验不少于20%楼层,且不少于3层;每个楼梯间对应的前室不少于10%楼层,且不少于3层;小于等于3层的全数查验		
疏散门	疏散门的设置位置、形式、数量及开启方向		查验不少于5%楼层,且不少于3层,小于等于3层的全数查验		
	房间内最远点至疏散门距离		观众厅、展览厅、多功能厅、餐厅、营业厅等全数查验,其他不同用途的每类场所查验不少于5%楼层,且不少于3层,小于等于3层的全数查验		
	疏散门宽度		人员密集的公共场所、观众厅全数查验,其他不同用途的每类场所查验不少于5%楼层,且不少于3层,小于等于3层的全数查验		
疏散走道			查验不少于5%楼层,且不少于3层,小于等于3层的全数查验		
避难层(间)			全数查验		
避难走道、防火隔间			全数查验		
下沉广场			全数查验		
消防电梯			全数查验		

七、展示赏学

小组合作完成安全疏散与避难设施查验情况汇总表的填写,每个小组推荐一名组员分享汇报查验情况和结论。

安全疏散与避难设施查验情况汇总表

<table>
<tr><td colspan="3">工程名称</td><td colspan="7"></td></tr>
<tr><td rowspan="2">序号</td><td colspan="2" rowspan="2">查验项目名称</td><td rowspan="2">查验标准</td><td colspan="2">查验内容</td><td colspan="4">查验结果</td></tr>
<tr><td>查验要求</td><td>查验方法</td><td>查验情况</td><td>重要程度</td><td>结论</td><td>备注</td></tr>
<tr><td rowspan="3">1</td><td rowspan="3">安全疏散</td><td rowspan="3">安全出口</td><td>符合经审查合格的消防设计文件要求</td><td>查看设置形式、位置和数量</td><td>直观检查</td><td>□ 敞开楼梯数量:____
□ 封闭楼梯数量:____
□ 防烟楼梯数量:____
□ 室外楼梯数量:____
□ 螺旋梯数量:____</td><td>A</td><td></td><td></td></tr>
<tr><td>符合经审查合格的消防设计文件要求</td><td>查看疏散楼梯间、前室的防烟措施</td><td>现场测量、直观检查</td><td>楼梯间位置:________
楼梯间防烟方式:
□ 机械加压送风
□ 自然补风,自然补风开口面积:____ m²
查验前室部位 1:________
□ 机械加压送风
□ 自然补风,自然补风开口面积:____ m²
查验前室部位 2:________
自然补风开口面积:________ m²
查验前室部位 3:______
自然补风开口面积:________ m²
楼梯间 2 位置:______
⋮</td><td>A</td><td></td><td></td></tr>
<tr><td>符合经审查合格的消防设计文件要求</td><td>查看地下室、半地下室与地上层共用楼梯的防火分隔</td><td>查阅相应资料、现场测量、直观检查</td><td>查验部位 1:________
分隔门设置情况:____
查验部位 2:______
⋮</td><td>A</td><td></td><td></td></tr>
</table>

续表

<table>
<tr><th rowspan="2">序号</th><th colspan="2" rowspan="2">查验项目名称</th><th rowspan="2">查验标准</th><th colspan="2">查验内容</th><th colspan="4">查验结果</th></tr>
<tr><th>查验要求</th><th>查验方法</th><th>查验情况</th><th>重要程度</th><th>结论</th><th>备注</th></tr>
<tr><td rowspan="4">1</td><td rowspan="4">安全疏散</td><td rowspan="4">安全出口</td><td>符合经审查合格的消防设计文件要求</td><td>疏散宽度1:场所疏散总宽度</td><td>现场测量、直观检查</td><td>查验场所1:□影剧院、多功能厅 □商业营业厅 □体育馆、展览馆 □歌舞娱乐放映游艺场所 □其他
查验部位1:________
疏散总宽度:____ m
查验部位2:________
疏散总宽度:____ m
查验场所2:________
⋮</td><td>A</td><td></td><td></td></tr>
<tr><td>符合经审查合格的消防设计文件要求</td><td>疏散宽度2:防火分区通向相邻防火分区的疏散净宽度</td><td>现场测量</td><td>查验部位1:________
借用净宽度:____ m
超过疏散总宽度30%:
□是 □否
查验部位2:________
借用净宽度:____ m
超过疏散总宽度30%:
□是 □否
查验部位3:______
⋮</td><td>A</td><td></td><td></td></tr>
<tr><td>符合经审查合格的消防设计文件要求</td><td>疏散宽度3:建筑内安全出口净宽度</td><td>现场测量</td><td>查验部位1:________
净宽度:____ m
查验部位2:________
净宽度:____ m
查验部位3:______
⋮</td><td>A</td><td></td><td></td></tr>
<tr><td>符合经审查合格的消防设计文件要求</td><td>疏散宽度4:疏散楼梯梯段最小净宽度</td><td>现场测量</td><td>查验场所:□ 住宅建筑 □ 高层医疗建筑 □ 其他高层公共建筑
查验部位1:________
净宽度:____ m
查验部位2:________
净宽度:____ m
⋮</td><td>A</td><td></td><td></td></tr>
</table>

续表

序号	查验项目名称		查验标准	查验内容		查验结果			
				查验要求	查验方法	查验情况	重要程度	结论	备注
1	安全疏散	安全出口	符合经审查合格的消防设计文件要求	疏散距离1:首层消防电梯前室、楼梯间及其前室至直通室外出口的距离	现场测量	查验部位:________	A		
			符合经审查合格的消防设计文件要求	疏散距离2:剪刀梯楼梯间入口至最近疏散门的距离	现场测量	查验部位1:________ 最小距离:____ m 查验部位2:________ 最小距离:____ m ⋮	A		
			符合经审查合格的消防设计文件要求	疏散距离3:最近两个安全出口之间的距离	现场测量	查验部位1:________ 最小距离:____ m 查验部位2:________ 最小距离:____ m ⋮	A		
			符合经审查合格的消防设计文件要求	疏散距离4:汽车库室内最不利点至人员安全出口的疏散距离	现场测量	查验部位:________	A		
			符合经审查合格的消防设计文件要求	疏散距离5:位于两个安全出口之间的疏散门、位于袋形走道两侧或尽端的疏散门至最近安全出口的距离	现场测量	查验部位:________	A		

续表

<table>
<tr><th rowspan="2">序号</th><th rowspan="2" colspan="2">查验项目名称</th><th rowspan="2">查验标准</th><th colspan="2">查验内容</th><th colspan="4">查验结果</th></tr>
<tr><th>查验要求</th><th>查验方法</th><th>查验情况</th><th>重要程度</th><th>结论</th><th>备注</th></tr>
<tr><td rowspan="2">1</td><td rowspan="4">安全疏散</td><td rowspan="2">安全出口</td><td>符合经审查合格的消防设计文件要求</td><td>疏散距离6:其他疏散距离</td><td>现场测量</td><td>查验部位1:________
最小距离:____ m
查验部位2:________
最小距离:____ m
⋮</td><td>A</td><td></td><td></td></tr>
<tr><td>符合经审查合格的消防设计文件要求</td><td>测量前室面积(合用前室)的使用面积、尺寸</td><td>现场测量</td><td>查验部位1:________
前室(合用前室)的使用面积:____ m^2
前室短边长度____ m
查验部位2:________
前室(合用前室)的使用面积:____ m^2
前室短边长度____ m
⋮</td><td>A</td><td></td><td></td></tr>
<tr><td rowspan="2">2</td><td rowspan="2">疏散门</td><td>符合经审查合格的消防设计文件要求</td><td>查看疏散门的设置位置、形式、数量和开启方向</td><td>现场测量、直观检查</td><td>查验部位1:________
设置形式:____
是否向疏散方向开启:
□是 □否
查验部位2:________
设置形式:____
是否向疏散方向开启:
□是 □否
⋮
(设置形式有:1. 平开门 2.推拉门 3. 卷帘门 4. 吊门 5.转门 6.卷帘门)</td><td>A</td><td></td><td></td></tr>
<tr><td>符合经审查合格的消防设计文件要求</td><td>测量房间最远点至疏散门的距离</td><td>现场测量</td><td>类型:
□ 观众厅、展览厅、多功能厅、餐厅、营业厅 □ 其他房间
查验部位1:________
查验部位2:________
查验部位3:________
⋮</td><td>A</td><td></td><td></td></tr>
</table>

续表

序号	查验项目名称		查验标准	查验内容		查验结果			
				查验要求	查验方法	查验情况	重要程度	结论	备注
2	安全疏散	疏散门	符合经审查合格的消防设计文件要求	测量疏散门宽度	现场测量	查验部位 1:________ 净宽度:____ m 查验部位 2:________ 净宽度:____ m 查验部位 3:________ 净宽度:____ m ⋮	A		
3		疏散走道	符合经审查合格的消防设计文件要求	查看排烟条件	现场测量	详见防排烟系统分项消防查验报告	A		
			符合经审查合格的消防设计文件要求	测量疏散走道最小净宽	现场测量、直观检查	查验部位 1:________ 类型: ☐ 单面布房 ☐ 双面布房 走道最小净宽度:____ m 查验部位 2:________ 类型: ☐ 单面布房 ☐ 双面布房走道 最小净宽度:____ m 查验部位 3:________ 类型: ☐ 单面布房 ☐ 双面布房走道 最小净宽度:____ m ⋮	A		
4		避难层(间)	符合经审查合格的消防设计文件要求	查看设置情况	现场测量	第一个避难层(间)的楼地面至灭火救援场地地面的高度:____ m 两个避难层(间)之间的高度: 查验部位 1:________ 测量高度:____ m 查验部位 2:________ ⋮	A		

续表

序号	查验项目名称		查验标准	查验内容		查验结果			
				查验要求	查验方法	查验情况	重要程度	结论	备注
4	安全疏散	避难层（间）	符合经审查合格的消防设计文件要求	查看防烟条件	现场测量、直观检查	查验部位1:________ 设置形式:□ 可开启外窗 □ 独立的机械防烟设施 外窗是否为乙级防火窗:□是 □否 查验部位2:________ ⋮	A		
			符合经审查合格的消防设计文件要求	查看疏散楼梯、消防电梯设置情况	直观检查	查验部位1:______ 设置位置和形式:______ 查验部位2:________ ⋮	A		
			符合经审查合格的消防设计文件要求	查看住宅每户内避难房间设置情况	直观检查	查验部位1:________ 可开启外窗:□有 □无 防火门设置情况和外窗的耐火完整性详见防火卷帘、防火门、防火窗查验报告	B		
5		避难走道、防火隔间	符合经审查合格的消防设计文件要求	任一防火分区通向避难走道的门至该避难走道最近直通地面的出口的距离	现场测量	查验部位1:________ 最小距离:____ m 查验部位2:________ 最小距离:____ m 查验部位3:____ ⋮	A		
			符合经审查合格的消防设计文件要求	防火分区至避难走道入口处设置的防烟前室面积	现场测量	查验部位1:________ 使用面积:____ m^2 查验部位2:________ 使用面积:____ m^2 ⋮	A		
			符合经审查合格的消防设计文件要求	防火隔间的建筑面积	现场测量	查验部位1:________ 建筑面积:____ m^2 查验部位2:________ 建筑面积:____ m^2 ⋮	A		

续表

序号	查验项目名称		查验标准	查验内容		查验结果			
				查验要求	查验方法	查验情况	重要程度	结论	备注
5	安全疏散	避难走道、防火隔间	符合经审查合格的消防设计文件要求	查看防烟条件	现场测量、直观检查	详见防排烟系统查验报告	A		
6		下沉广场	符合经审查合格的消防设计文件要求	用于疏散的净面积	现场测量	查验部位 1:________ 净面积:____ m^2 查验部位 2:________ 净面积:____ m^2 ⋮	A		
			符合经审查合格的消防设计文件要求	室外疏散楼梯总净宽度	现场测量	查验部位 1:________ 总净宽度:____ m 查验部位 2:________ 总净宽度:____ m ⋮	A		
7	电梯	消防电梯	符合经审查合格的消防设计文件要求	查看设置位置、数量	现场测量、直观检查	查验消防电梯 1:________ 设置位置:________ 消防电梯前室、合用前室设置情况详见安全出口部分,消防电梯机房情况详见民用建筑中其他特殊场所部分,电梯井详见竖井部分	A		
			符合经审查合格的消防设计文件要求	查看消防电梯载重量、电梯排水泵的排水流、排水井容量等	查阅相应资料、现场测量	载重量:________ 排水泵的排水量:______ 排水井的容积:________	B		
			符合经审查合格的消防设计文件要求	测试消防电梯专用对讲电话和专用的操作按钮	直观检查	专用对讲电话: ☐ 有且可正常通话 ☐无 首层专用操作按钮: ☐有 ☐无 操作按钮功能: ☐ 可正常迫降消防电梯 ☐不可正常迫降消防电梯	B		

续表

<table>
<tr><th rowspan="2">序号</th><th rowspan="2" colspan="2">查验项目名称</th><th rowspan="2">查验标准</th><th colspan="2">查验内容</th><th colspan="4">查验结果</th></tr>
<tr><th>查验要求</th><th>查验方法</th><th>查验情况</th><th>重要程度</th><th>结论</th><th>备注</th></tr>
<tr><td>7</td><td>电梯</td><td>消防电梯</td><td>符合经审查合格的消防设计文件要求</td><td>查看消防电梯轿厢内装修材料燃烧性能</td><td>直观检查</td><td>□ 不燃材料
□ 非不燃材料</td><td>B</td><td></td><td></td></tr>
<tr><td colspan="3">查验结论</td><td colspan="3">□ 符合经审查合格的消防设计文件要求</td><td colspan="4">□ 不符合经审查合格的消防设计文件要求</td></tr>
</table>

模块三　建筑电气消防系统查验

任务一　消防电源及其配电查验

一、任务描述

消防电源是指在火灾发生时，能够为消防设施提供稳定、可靠的电力供应的电源。消防电源包括消防应急发电机、消防应急照明、消防应急广播、消防应急电梯等。消防配电是指将消防电源通过线路和设备分配给各个消防设施的过程。消防电源及其配电是保证建设工程消防安全的重要组成部分，也是消防查验的重点内容之一。本任务旨在让学习者了解消防电源及其配电的基本要求和检查方法，掌握如何对建设工程的消防电源及其配电进行有效查验。

二、任务目标

（一）知识目标

（1）了解消防电源及其配电的相关标准，掌握消防电源及其配电的基本要求。

（2）熟悉消防电源及其配电的常见类型、性能和联动。

（3）了解消防电源及其配电的检查方法、检查内容和检查标准。

（二）能力目标

（1）能够分析建设工程的消防电源及其配电的设计方案和施工图纸，判断其是否符合消防安全要求。

（2）能够检查建设工程的消防电源及其配电的现场情况，发现并记录存在的问题和缺陷。

（3）能够测试建设工程的消防电源及其配电的性能和联动，评价其是否达到设计要求。

（4）能够提出建设工程的消防电源及其配电的整改建议和措施，编制建设工程消防查验报告。

(三)素质目标

(1)培养消防查验工作人员对消防安全的责任感和意识,增强对消防法律法规和标准的遵守和执行的观念。

(2)培养消防查验工作人员对消防查验工作的专业态度和精神,提高对消防查验结果的客观性和公正性的认知。

(3)培养消防查验工作人员对消防查验工作的创新思维和方法,提高对消防查验问题的分析和解决能力。

三、相关知识链接

【学习卡一】消防负荷等级及供电形式

·相关规范条文

《建筑防火通用规范》GB 55037—2022 的 10.1.1 条~10.1.3 条

·查验方法

核查消防负荷等级、供电形式与现场是否符合

·查验要求

(1)符合经审查合格的消防设计文件要求及工程建设消防技术标准。

(2)符合《建筑防火通用规范》GB 55037—2022 第 10.1.1 条~10.1.3 条的规定。

①建筑高度大于 150 m 的工业与民用建筑的消防用电应符合下列规定:a. 应按特级负荷供电;b. 应急电源的消防供电回路应采用专用线路连接至专用母线段;c. 消防用电设备的供电电源干线应有两个路由。

②除筒仓、散装粮食仓库及工作塔外,下列建筑的消防用电负荷等级不应低于一级:a. 建筑高度大于 50 m 的乙、丙类厂房;b. 建筑高度大于 50 m 的丙类仓库;c. 一类高层民用建筑;d. 二层式、二层半式和多层式民用机场航站楼;e. Ⅰ类汽车库;f. 建筑面积大于 5000 m^2 且平时使用的人民防空工程;g. 地铁工程;h. 一、二类城市交通隧道。

③下列建筑的消防用电负荷等级不应低于二级:a. 室外消防用水量大于 30 L/s 的厂房;b. 室外消防用水量大于 30 L/s 的仓库;c. 座位数大于 1500 个的电影院或剧场,座位数大于 3000 个的体育馆;d. 任一层建筑面积大于 3000 m^2 的商店和展览建筑;e. 省(市)级及以上的广播电视、电信和财贸金融建筑;f. 总建筑面积大于 3000 m^2 的地下、半地下商业设施;g. 民用机场航站楼;h. Ⅱ类、Ⅲ类汽车库和Ⅰ类修车库;i. 本条上述规定外的其他二类高层民用建筑;j. 本条上述规定外的室外消防用水量大于 25 L/s 的其他公共建筑;k. 水利工程,水电工程;l. 三类城市交通隧道

·查验数量要求

全数查验

·查验设备及工具

直观检查

·重要程度

A

【学习卡二】备用发电机

· 相关规范条文

《建筑设计防火规范》GB 50016—2014(2018年版)的10.1.4条

· 查验要求

(1)符合经审查合格的消防设计文件要求及工程建设消防技术标准。

(2)查看备用发电机设置位置,规格、型号及功率等铭牌参数。

(3)查看燃料配备情况。

(4)测试发电机手动、自动应急启动功能,测量启动至正常供电的时间,应符合《建筑设计防火规范》GB 50016—2014(2018年版)第10.1.4条的规定

· 查验方法

消防用电按一、二级负荷供电的建筑,当采用自备发电设备作为备用电源时,自备发电设备应设置自动和手动启动装置。当采用自动启动方式时,应能保证在30 s内供电。

不同级别负荷的供电电源应符合现行国家标准《供配电系统设计规范》GB 50052—2009的规定

· 查验数量要求

全数查验

· 查验设备及工具

直观检查、秒表

· 重要程度

A/B

【学习卡三】柴油发电机房

· 相关规范条文

《建筑防火通用规范》GB 55037—2022的4.1.4条、4.1.5条、10.1.11条,《民用建筑电气设计标准》GB 51348—2019的6.1.2条、6.1.10条、6.1.11条、6.1.14条,《消防应急照明和疏散指示系统技术标准》GB 51309—2018的3.8.1条

· 查验方法

现场查看柴油发电机房建筑防火与消防设施设置情况是否符合查验要求

• 查验要求

(1)符合经审查合格的消防设计文件要求及工程建设消防技术标准。

(2)查看设置位置,独立建造时查看其耐火等级,设置在建筑内时查看其防火分隔、疏散门设置情况,应符合《建筑防火通用规范》GB 55037—2022 第 4.1.4 条、《民用建筑电气设计标准》GB 51348—2019 第 6.1.2 条、6.1.11 条的规定。

(3)查看及测试其备用照明、疏散照明、疏散指示标志灯设置情况,应符合《建筑防火通用规范》GB 55037—2022 第 10.1.11 条、《消防应急照明和疏散指示系统技术标准》GB 51309—2018 第 3.8.1 条的规定。

(4)查看储油间设置情况,查看储油间的油箱的通气管、防止油品流散措施的设置情况,应符合《建筑防火通用规范》GB 55037—2022 第 4.1.5 条、《民用建筑电气设计标准》GB 51348—2019 第 6.1.10 条的规定。

(5)机房通风设施应运行正常,电动机、电加热器及电动执行机构的外露可导电部分必须与保护导体可靠连接,应符合《民用建筑电气设计标准》GB 51348—2019 第 6.1.14 条的规定。

• 查验数量要求

全数查验

• 查验设备及工具

直观检查

• 重要程度

(1)A、(2)A、(3)A、(4)A、(5)B

【学习卡四】其他备用电源(EPS 或 UPS)

• 相关规范条文

《供配电系统设计规范》GB 50052—2009 的 3.0.4 条~3.0.9 条

• 查验要求

(1)符合经审查合格的消防设计文件要求及工程建设消防技术标准。

(2)查看规格型号及设置位置。

(3)查看消防供电范围及情况

• 查验方法

现场查看其他备用电源(EPS 或 UPS)设置情况是否符合查验要求

• 查验数量要求

全数查验

• 查验设备及工具

直观检查

• 重要程度

B

【学习卡五】变配电室

·相关规范条文

《建筑防火通用规范》GB 55037—2022 的 4.1.4 条、4.1.6 条、10.1.11 条,《民用建筑电气设计标准》GB 51348—2019 的 4.10.2 条～4.10.13 条,《消防应急照明和疏散指示系统技术标准》GB 51309—2018 的 3.8.1 条

·查验方法

现场查看变配电房建筑防火与消防设施设置情况是否符合查验要求

·查验要求

(1)符合经审查合格的消防设计文件要求及工程建设消防技术标准。

(2)查看设置位置,独立建造时查看其耐火等级,设置在建筑内时查看其防火分隔、疏散门设置情况,应符合《建筑防火通用规范》GB 55037—2022 第 4.1.4、4.1.6 条,《民用建筑电气设计标准》GB 51348—2019 第 4.10.2 条～4.10.13 条的规定。

(3)查看及测试备用照明、疏散照明、疏散指示标志灯设置情况,应符合《建筑防火通用规范》GB 55037—2022 第 10.1.11 条、《消防应急照明和疏散指示系统技术标准》GB 51309—2018 第 3.8.1条的规定

·查验数量要求

全数查验

·查验设备及工具

直观检查

·重要程度

A

【学习卡六】消防配电

·相关规范条文

《建筑设计防火规范》GB 50016—2014(2018 年版)的 10.1.4 条、10.1.9 条,《建筑防火通用规范》GB 55037—2022 的 10.1.5 条、10.1.7 条

·查验数量要求

全数查验

·查验方法

(1)检查消防用电设备是否采用专用的供电回路,配电支线是否穿越防火分区。

(2)检查消防用电设备配电线路的最末一级配电箱处是否设置自动切换装置。

(3)检查明敷线路是否穿金属导管或采用封闭式金属槽盒保护,是否设有防火保护措施;暗敷线路保护层厚度、材质;检查消防配电线路与其他配电线路是否分开敷设。

(4)检查按一、二级负荷供电的消防设备配电箱是否独立设置;按三级负荷供电的消防设备配电箱是否独立设置;消防配电箱是否有明显标识

·查验要求

(1)符合经审查合格的消防设计文件要求及工程建设消防技术标准。

(2)查看消防用电设备的供电回路是否为专用供电回路,应符合《建筑防火通用规范》GB 55037—2022 第 10.1.5 条规定。

(3)查看消防用电设备的配电箱及末端切换装置及断路器的设置,应符合《建筑设计防火规范》GB 50016—2014(2018 年版)第10.1.4条规定。

(4)查看配电线路敷设情况及防护措施设置情况,应符合《建筑防火通用规范》GB 55037—2022 第 10.1.7 条的规定。

(5)查看消防设备配电箱设置及标识,应符合《建筑设计防火规范》GB 50016—2014(2018 年版)第 10.1.9 条的规定

·查验设备及工具

直观检查

·重要程度

(1)A、(2)A/C(消防配电干线及消防配电支线划分为 C 类)、(3)A、(4)A/C(同井敷设为 C)、(5)A/C(三级负荷为 C)

【学习卡七】用电设施

·相关规范条文

《建筑设计防火规范》GB 50016—2014(2018 年版)的 10.2.3 条、10.2.5 条,《建筑防火通用规范》GB 55037—2022 的 10.2.5 条

·查验数量要求

(1)设置有以下使用功能的区域均应进行查验:疏散走道,有安全出口的门厅,楼梯间及前室,中庭,走马廊,开敞楼梯间,内部变形缝,无窗房间,消防水泵房,消防风机房,固定灭火系统钢瓶间,配电室,变压器室,发电机房,储油间,通风和空调机房,消防控制室,厨房,经常使用明火的餐厅,科研实验室,建筑内库房或贮藏间,展览性场所展台及其展厅设置有加热设备的餐饮操作区,采用电加热供暖的区域,候机楼的候机大厅、贵宾候机室、售票厅、商店、餐饮场所,汽车站、火车站、轮船客运站的候车(船)室、商店、餐饮场所,观众厅,会议厅,多功能厅,等候厅,体育馆,商店的营业厅,宾馆、饭店的客房及公共活动用房,养老院、托儿所、幼儿园的居住及活动场所,医院的病房区、诊疗区、手术区,教学场所,教学实验场所,纪念馆、展览馆、博物馆、图书馆、档案馆、资料馆等的公众活动场所,存放文物、纪念展览物品、重要图书、档案、资料的场所,歌舞娱乐游艺场所,A/B 级电子信息系统机房及装有重要机器、仪器的房间,餐饮场所,办公场所,其他公共场所,住宅,汽车库,修车库。

(2)设置有以上使用功能的区域均应进行查验,且各类用电设施安装数量不大于 100 只的全数检查;大于 100 只的按 10%的比例查验,且查验总数不应少于 100 只

• 查验要求	• 查验方法
(1)符合经审查合格的消防设计文件要求及工程建设消防技术标准。 (2)查看架空线路与保护对象的间距,应符合《建筑防火通用规范》GB 55037—2022 第 10.2.5 条的规定。 (3)查看有可燃物的闷顶、吊顶内的配电线路敷设情况,应符合《建筑设计防火规范》GB 50016—2014(2018 年版)第 10.2.3 条的规定	(1)检查架空电力线与甲、乙、丙类厂房(仓库),可燃材料堆垛,甲、乙、丙类液体储罐,液化石油气储罐,可燃、助燃气体储罐的最近水平距离是否满足规范要求。 (2)检查有可燃物的闷顶、吊顶内的配电线路敷设及防火保护措施
• 查验设备及工具	**• 重要程度**
直观检查	(1)A、(2)A、(3)B

四、任务分配

进行某建筑消防电源及其配电系统的消防查验的任务分配。

消防查验任务分工表

查验单位 (班级)				
查验人员	姓名	执业资格或 专业技术资格	职务	任务分工
查验负责人 (组长)				
项目组成员 (组员)				

五、自主探学

根据任务分工,自主填写消防现场查验原始记录表。

消防现场查验原始记录表

项目名称				涉及阶段	□施工实施阶段 □竣工验收阶段	
日期				查验次数	第　次	
序号	所属分部工程	查验内容	查验位置	现场情况	问题描述	备注
1						
2						
3						
4						
设备仪器：						

六、合作研学

小组交流，教师指导，填写消防电源及其配电系统概况及查验数量一览表。

消防电源及其配电系统概况及查验数量一览表

消防电源及其配电系统概况					
名称	安装数量	设置位置	查验抽样标准	查验抽样数量	查验位置
柴油发电机房			全数查验		
备用发电机			全数查验		
变配电室			全数查验		
消防负荷等级及供电形式			全数查验		
其他备用电源(EPS或UPS)			全数查验		
消防配电			全数查验		
用电设施(灯具、开关、插座隔热、散热措施)			用电设施安装数量不大于100只的全数查验；大于100只的按10%的比例查验，且查验总数不应少于100只		

注：(1)表中的查验数量均为最低要求；

(2)各查验项目中有不合格的，应修复或更换，并应进行复验；复验时，对有查验比例要求的，应加倍查验。

七、展示赏学

小组合作完成消防电源及其配电系统查验情况汇总表的填写,每个小组推荐一名组员分享汇报查验情况和结论。

消防电源及其配电系统查验情况汇总表

工程名称							
序号	查验项目名称	查验标准	查验内容及方法	查验结果			
				查验情况	重要程度	结论	备注
1	消防负荷等级及供电形式	符合经审查合格的消防设计文件要求	查验消防负荷等级		A		
			查验消防负荷供电形式		A		
2	备用发电机	符合经审查合格的消防设计文件要求	查验备用发电机规格、型号及功率		B		
			查看设置位置		A		
			查看燃料配备		A		
			测试发电机手动、自动应急启动功能		B		
3	柴油发电机房	符合经审查合格的消防设计文件要求	查看设置位置、耐火等级、防火分隔、疏散门等建筑防火要求		A		
			测试应急照明		A		
			查看储油间的设置		A		
			查看机房通风系统设置		B		
4	其他备用电源(EPS或UPS)	符合经审查合格的消防设计文件要求	查看规格型号及设置位置		B		
			查看消防供电范围及情况		B		
5	变配电室	符合经审查合格的消防设计文件要求	查看设置位置、耐火等级、防火分隔、疏散门等建筑防火要求		A		
			测试应急照明		A		
6	消防配电	符合经审查合格的消防设计文件要求	查看消防用电设备是否设置专用供电回路		A		
			查看消防用电设备的配电箱及末端切换装置及断路器设置		A		
			查看配电线路敷设情况及防护措施设置情况		A		
			查看消防设备配电箱设置及标识		A		

续表

序号	查验项目名称	查验标准	查验内容及方法	查验结果			
				查验情况	重要程度	结论	备注
7	用电设施	符合经审查合格的消防设计文件要求	查看架空线路与保护对象的间距		A		
			查看有可燃物的闷顶、吊顶内的配电线路敷设情况		B		
查验结论		□ 符合经审查合格的消防设计文件要求		□ 不符合经审查合格的消防设计文件要求			

任务二　火灾自动报警系统查验

一、任务描述

火灾自动报警系统是指在火灾发生时，能够自动发出声光信号，并与其他消防设施联动的系统。火灾自动报警系统包括火灾探测器、手动报警按钮、报警控制器、楼层显示器、消防联动控制器等。火灾自动报警系统的功能、质量、安全性是保证建设工程消防安全的重要组成部分，也是消防查验的重点内容之一。本任务旨在让学习者了解火灾自动报警系统的基本要求和检查方法，掌握如何对建设工程的火灾自动报警系统进行有效的查验。

二、任务目标

(一)知识目标

(1)了解火灾自动报警系统的相关标准，掌握火灾自动报警系统的基本要求。

(2)熟悉火灾自动报警系统的常见类型、性能和联动。

(3)了解火灾自动报警系统的检查方法、检查内容和检查标准。

(二)能力目标

(1)能够运用观察、测量、试验等方法对火灾自动报警系统进行有效的查验，并记录查验数据。

(2)能够分析查验结果，发现并解决火灾自动报警系统存在的问题或缺陷。

(3)能够编制建设工程消防查验情况报告，并按照规范格式填写相关内容。

(4)能够利用计算机软件对查验数据进行整理、分析和展示。

(三)素质目标

(1)培养消防查验工作人员对建设工程消防安全的责任感和意识，认识到火灾自动报警系统的重要性和必要性。

(2)提高消防查验工作人员对火灾自动报警系统知识的专业素养和技能,掌握相关的理论知识和实践方法。

(3)增强消防查验工作人员对火灾自动报警系统查验的创新能力和实践能力,能够运用所学知识和技能解决实际工作中的问题。

三、相关知识链接

【学习卡一】消防控制室

1)消防控制室设计

• 相关规范条文	• 查验要求
《火灾自动报警系统设计规范》GB 50116—2013 的 3.4.1 条	具有消防联动功能火灾自动报警系统的保护对象中应设置消防控制室
• 查验方法	**• 查验数量要求**
核查设计文件,检查其是否按现行国家标准《火灾自动报警系统设计规范》GB 50116—2013 的规定设置消防控制室	全数查验
• 查验设备及工具	**• 重要程度**
直观检查	A

2)基本设备的配置

• 相关规范条文	• 查验方法
《火灾自动报警系统设计规范》GB 50116—2013 的 3.4.2 条	对照设计文件、检验报告、认证证书,对控制室设置的设备的规格、型号进行逐一核查

• 查验要求
消防控制室内设置的消防设备应包括火灾报警控制器、消防联动控制器、消防控制室图形显示装置、消防专用电话总机、消防应急广播控制装置或具有相应功能的组合设备,上述设备应符合消防产品准入制度的规定

• 查验数量要求	• 查验设备及工具	• 重要程度
全数查验	直观检查	A

3)存档的文件资料

• 相关规范条文

《火灾自动报警系统施工及验收标准》GB 50166—2019的6.0.1条

• 查验方法

逐一核查各项文件资料是否完整

• 查验要求

(1)建(构)筑物竣工后的总平面图、建筑消防系统平面布置图、建筑消防设施系统图及安全出口布置图、重点部位位置图、危化品位置图。

(2)消防系统联动控制逻辑关系说明、联动编程记录、消防联动控制器手动控制单元编码设置记录。

(3)系统设备使用说明书、系统操作规程。

(4)火灾自动报警系统设备现场设置情况记录

• 查验数量要求

全数查验

• 查验设备及工具

直观检查

• 重要程度

B

【学习卡二】消防产品准入制度

• 相关规范条文

《火灾自动报警系统施工及验收标准》GB 50166—2019

• 查验要求

应有与其相符合的、有效的认证证书和认证标识

• 查验方法

核查火灾自动报警系统产品的认证证书和认证标识

• 查验数量要求

全数查验

• 查验设备及工具

直观检查

• 重要程度

A

【学习卡三】火灾报警控制器、消防联动控制器、火灾报警控制器(联动型)

1)安装质量

• 相关规范条文

《火灾自动报警系统施工及验收标准》GB 50166—2019的3.1.2条、3.3.1条～3.3.5条

• 查验数量要求

全数查验

•查验要求

(1)安装工艺:在有爆炸危险性场所的安装,应符合现行国家标准《电气装置安装工程爆炸和火灾危险环境电气装置施工及验收规范》GB 50257—2014 的相关规定。

(2)设备安装:①设备应安装牢固,不应倾斜;②落地安装时,设备底边宜高出地(楼)面0.1～0.2 m;③安装在轻质墙上时,应采取加固措施。

(3)设备的引入线缆:①配线应整齐,不宜交叉,并应固定牢靠;②线缆芯线的端部均应标明编号,并应与图纸一致,字迹应清晰且不易褪色;③端子板的每个接线端接线不得超过2根;④线缆应留有不小于200 mm的余量;⑤线缆应绑扎成束;⑥线缆穿管、槽盒后,应将管口、槽口封堵。

(4)设备电源的连接:①设备的主电源应有明显的永久性标识,并应直接与消防电源连接,严禁使用电源插头;②设备与其外接备用电源之间应直接连接。

(5)蓄电池安装:设备自带蓄电池需进行现场安装时,蓄电池规格、型号、容量应符合设计文件的规定,蓄电池安装应满足产品使用说明书的要求。

(6)设备的接地:设备的接地应牢固,并应有明显的永久性标识

•查验方法

(1)检查施工工艺是否符合现行国家标准《电气装置安装工程爆炸和火灾危险环境电气装置施工及验收规范》GB 50257—2014的规定。

(2)用手检查设备的安装情况;落地安装时,用尺测量设备底边与地(楼)面的距离;壁挂方式安装时,检查设备的加固措施。

(3)①检查设备内部配线情况;②对照设计文件逐一检查线缆的标号;③检查端子接线情况;④用尺测量线缆的余量长度;⑤检查线缆的布置情况;⑥检查管口、槽口封堵情况。

(4)①检查设备主电源的标识,检查设备与消防电源的连接情况;②检查设备与外接备用电源的连接情况。

(5)对照设计文件核对蓄电池的规格、型号、容量,检查蓄电池的安装情况。

(6)用手或专用设备检查设备接地线的连接情况,检查设备的接地标识

•查验设备及工具

直观检查、卷尺

•重要程度

A

2)基本功能

•相关规范条文

《火灾自动报警系统施工及验收标准》GB 50166—2019 的4.3.2条、4.5.2条

•查验数量要求

全数查验

• 查验要求	• 查验方法
(1)火灾报警控制器或火灾报警控制器(联动型)火警优先功能:火灾探测器、手动火灾报警按钮发出火灾报警信号后,控制器应在10 s内发出火灾报警声、光信号,并记录报警时间。 (2)火灾报警控制器或火灾报警控制器(联动型)二次报警功能:火灾探测器、手动火灾报警按钮发出火灾报警信号后,控制器应在10 s内发出火灾报警声、光信号,并记录报警时间。 (3)负载功能:①设备选型为火灾报警控制器时,多个火灾探测器、手动火灾报警按钮同时处于火灾报警状态时,控制器应分别记录发出火灾报警信号部件的报警时间;②设备选型为消防联动控制器时,多个模块同时处于动作状态时,控制器应记录启动设备总数,并分别记录启动设备的启动时间;③设备选型为火灾报警控制器(联动型)时:a.多个火灾探测器、手动火灾报警按钮同时处于火灾报警状态时,控制器应分别记录发出火灾报警信号部件的报警时间;b.多个模块同时处于动作状态时,控制器应记录启动设备总数,并分别记录启动设备的启动时间	(1)使任一只非故障部位的探测器、手动火灾报警按钮发出火灾报警信号,用秒表测量控制器火灾报警响应时间,检查控制器的火警信息记录情况。 (2)再次使另一只非故障部位的探测器、手动火灾报警按钮发出火灾报警信号,用秒表测量控制器火灾报警响应时间,检查控制器的火警信息记录情况。 (3)①使回路配接的不少于10只火灾探测器、手动火灾报警按钮同时处于火灾报警状态,检查控制器的火警信息记录情况;②输入/输出模块总数少于50个时,使所有模块处于动作状态;模块总数大于等于50个时,使至少50个模块同时处于动作状态;检查控制器启动信息记录情况;③使回路配接的不少于10只火灾探测器、手动火灾报警按钮同时处于火灾报警状态,检查控制器的火警信息记录情况;④输入/输出模块总数少于50个时,使所有模块处于动作状态;模块总数大于等于50个时,使至少50个模块同时处于动作状态;检查控制器启动信息记录情况
• 查验设备及工具	**• 重要程度**
直观检查、秒表、探测器测试装置、专用测试工具	A

【学习卡四】火灾探测器

1)点型感烟火灾探测器、点型感温火灾探测器、一氧化碳火灾探测器

• 相关规范条文	• 查验要求
《火灾自动报警系统施工及验收标准》GB 50166—2019的4.3.4条、4.3.5条	(1)探测器处于报警状态时,探测器的火警确认灯应点亮并保持。 (2)控制器应发出火警声光信号,记录报警时间

• 查验方法	• 查验数量要求
(1)对可恢复探测器采用专用的检测仪器或模拟火灾的方法,使探测器监测区域的烟雾浓度、温度、气体浓度达到探测器的报警设定阈值;对不可恢复的探测器采取模拟报警方法,使探测器处于火灾报警状态;观察探测器的火警确认灯点亮情况。 (2)检查控制器火灾报警情况、火灾信息记录情况	(1)每个回路、每个探测区域都应查验。 (2)开敞或封闭楼梯间、防烟楼梯间、防烟楼梯间前室、消防电梯前室、消防电梯与防烟楼梯间合用的前室、电气管道井、通信管道井、安装数量不多于2只火灾探测器的区域应全数查验
• 查验设备及工具	**• 重要程度**
直观检查、专用的检测仪器	A

2)线型光束感烟火灾探测器

• 相关规范条文	• 查验要求
《火灾自动报警系统施工及验收标准》GB 50166—2019的4.3.4条、4.3.6条	探测器光路的减光率达到探测器报警阈值时,探测器的火警确认灯应点亮并保持;火灾报警控制器应发出火灾报警声、光信号,记录报警时间
• 查验方法	**• 查验数量要求**
采用减光率为1.0~10.0 dB的减光片或等效设备遮挡光路(选择反式探测器应在探测器正前方0.5 m处遮挡光路),观察探测器火警确认灯点亮情况、控制器火灾报警情况,检查控制器火警信息记录情况	(1)每个回路和探测区域都应查验。 (2)按回路实际安装数量10%~20%的比例查验,且查验总数不应少于20只
• 查验设备及工具	**• 重要程度**
直观检查	A

3)线型感温探测器

• 相关规范条文
《火灾自动报警系统施工及验收标准》GB 50166—2019的4.3.4条、4.3.7~4.3.9条

• 查验数量要求

(1)每个回路、每个探测区域都应查验。

(2)电气管道井、通信管道井、安装数量不多于2只火灾探测器的区域应查验。

(3)按回路实际安装数量10%～20%的比例查验,且查验总数不应少于20只

• 查验要求

(1)火灾报警功能:①探测器处于报警状态时,探测器的火警确认灯应点亮并保持;②控制器应发出火警声光信号,记录报警时间。

(2)小尺寸高温报警响应功能:①长度为100 mm敏感部件周围的温度达到探测器小尺寸高温报警设定阈值时,探测器的火警确认灯应点亮并保持;②控制器应发出火警声光信号,记录报警时间

• 查验方法

(1)①对可恢复的探测器采用专用检测仪器或模拟火灾的方法,使任一段长度为标准报警长度的敏感部件周围温度达到探测器的报警设定阈值;对不可恢复的探测器采取模拟报警方法,使探测器使处于火灾报警状态;观察探测器火警确认灯点亮情况;②检查控制器火灾报警情况、火灾信息记录情况。

(2)①在探测器末端,用专用检测仪器或模拟火灾的方法,使任一段长度为100 mm的敏感部件周围温度达到探测器小尺寸高温报警设定阈值;观察探测器火警确认灯点亮情况;②检查控制器火灾报警情况、火警信息记录情况

• 查验设备及工具

直观检查、专用的检测仪器

• 重要程度

A

4)管路采样式吸气感烟探测器

• 相关规范条文

《火灾自动报警系统施工及验收标准》GB 50166—2019的4.3.4条、4.3.10条、4.3.11条

• 查验要求

探测器监测区域的烟雾浓度达到探测器报警设定阈值时,探测器或其控制装置的火警确认灯应在120 s内点亮并保持;控制器应发出火警声、光信号,并记录报警时间

• 查验方法

在采样管路最末端采样孔中加入试验烟,使监测区域的烟雾浓度达到探测器的报警设定阈值;用秒表测量探测器或其控制装置火警确认灯的点亮时间;检查控制器火灾报警情况、火警信息记录情况

• 查验数量要求

(1)每个回路、每个探测区域都应查验。

(2)开敞或封闭楼梯间、防烟楼梯间、防烟楼梯间前室、消防电梯前室、消防电梯与防烟楼梯间合用的前室、电气管道井、通信管道井、安装数量不多于2只火灾探测器的区域均应查验。

(3)按回路实际安装数量10%~20%的比例查验,且查验总数不应少于20只

• 查验设备及工具

直观检查、秒表、探测器测试装置

• 重要程度

A

5) 点型火焰探测器和图像型火焰探测器

• 相关规范条文

《火灾自动报警系统施工及验收标准》GB 50166—2019的4.3.4条、4.3.12条

• 查验要求

探测器监测区域的光波达到探测器报警设置阈值时,探测器或其控制装置的火警确认灯应在30 s内点亮并保持;控制器应发出火警声、光信号,记录报警时间

• 查验方法

在探测器监视区域内最不利处,采用专用检测仪器或模拟火灾的方法,向探测器释放试验光波;用秒表测量探测器或其控制装置火警确认灯的点亮时间;检查控制器火灾报警情况、火灾信息记录情况

• 查验数量要求

(1)每个回路、每个探测区域都应查验。

(2)开敞或封闭楼梯间、防烟楼梯间、防烟楼梯间前室、消防电梯前室、消防电梯与防烟楼梯间合用的前室、电气管道井、通信管道井、火灾探测器安装数量不多于2只的区域应查验。

(3)按回路实际安装数量10%~20%的比例查验,且查验总数不应少于20只

• 查验设备及工具

直观检查、专用检测仪器、秒表

• 重要程度

A

【学习卡五】火灾控制器其他现场部件查验

1)手动火灾报警按钮

• 相关规范条文

《火灾自动报警系统施工及验收标准》GB 50166—2019的4.3.13条、4.3.14条

• 查验数量要求

全数查验

• 查验方法

按钮动作后，观察按钮火警确认灯的点亮情况；检查控制器火灾报警情况、火警信息记录情况

• 查验要求

按钮动作后，按钮的火警确认灯应点亮并保持；控制器应发出火警声光信号，记录报警时间

• 查验设备及工具

直观检查、秒表

• 重要程度

A

2）模块

• 相关规范条文

《火灾自动报警系统施工及验收标准》GB 50166—2019 的 4.5.5 条～4.5.8 条

• 查验数量要求

全数查验

• 查验要求

（1）输出模块启动功能：输出模块接收到控制器的启动控制信号后，应在 3 s 内动作，并点亮模块的动作指示灯。

（2）输出模块停止功能：输出模块接收到控制器的停止控制信号后，应在 3 s 内动作，并熄灭模块的动作指示灯

• 查验方法

（1）按照《火灾自动报警系统施工及验收标准》GB 50166—2019 附录 D 的地址编号操作控制器启动模块；用秒表测量模块动作时间，观察模块指示灯点亮情况。

（2）操作控制器停止模块，用秒表测量模块动作时间，观察模块指示灯熄灭情况

• 查验设备及工具

直观检查、秒表

• 重要程度

A

【学习卡六】消防设备应急电源

• 相关规范条文

《火灾自动报警系统施工及验收标准》GB 50166—2019 的 4.10.2 条

• 查验数量要求

全数查验

• 查验要求

应急电源主电源断电后，应在 5 s 内自动切换到蓄电池组供电状态，并发出声提示信号，应急电源的切换不应影响消防设备的正常运行；应急电源主电源恢复后，应在 5 s 内自动切换到主电源供电状态，应急电源的切换不应影响消防设备的正常运行

• 查验方法

切断应急电源的主电源,检查应急电源供电输出转换情况、消防设备运行情况,用秒表测量应急电源的转换时间;恢复应急电源主电源供电,检查应急电源供电输出转换情况、消防设备运行情况,用秒表测量应急电源的转换时间

• 查验设备及工具

直观检查、秒表

• 重要程度

A

【学习卡七】消防专用电话系统

1)消防电话总机

• 相关规范条文

《火灾自动报警系统施工及验收标准》GB 50166—2019 的 4.6.1 条

• 查验数量要求

全数查验

• 查验要求

(1)接受呼叫功能:①分机呼叫总机时,总机应在 3 s 内发出呼叫声、光信号,显示呼叫消防分机的地址注释信息,且显示的地址注释信息应与《火灾自动报警系统施工及验收标准》GB 50166—2019 附录 D 一致;②总机与分机之间通话的语音应清晰。

(2)呼叫分机功能:①总机呼叫分机时,总机显示呼叫消防分机的地址注释信息,且显示的地址注释信息应与《火灾自动报警系统施工及验收标准》GB 50166—2019 附录 D 一致;分机应在 3 s 内发出声、光信号;②总机与分机之间通话的语音应清晰

• 查验方法

(1)①将任一部电话分机摘机,用秒表测量总机的响应时间,检查总机呼叫信息显示情况;②操作电话总机建立通话,检查语音通话情况。

(2)①按《火灾自动报警系统施工及验收标准》GB 50166—2014 附录 D 的地址编号操作电话总机呼叫电话分机,检查总机呼叫信息显示情况;用秒表测量分机响应时间;②操作消防电话分机,建立通话,检查语音通话记录

• 查验设备及工具

直观检查、秒表

• 重要程度

B

2)消防电话分机

• 相关规范条文

《火灾自动报警系统施工及验收标准》GB 50166—2019 的 4.6.2 条

• 查验数量要求

全数查验

• 查验要求

（1）呼叫总机功能：①分机呼叫总机时，总机应在 3 s 内发出声、光信号，显示呼叫消防分机的地址注释信息，且显示的地址注释信息应与《火灾自动报警系统施工及验收标准》GB 50166—2019 附录 D 一致；②总机与分机之间通话的语音应清晰。

（2）接受呼叫功能：①总机呼叫分机时，总机显示呼叫消防分机的地址注释信息，且显示的地址注释信息应与《火灾自动报警系统施工及验收标准》GB 50166—2019 附录 D 一致；分机应在 3 s 内发出声、光信号；②总机与分机之间通话的语音应清晰

• 查验方法

（1）①将电话分机摘机，用秒表测量总机的响应时间，检查总机呼叫信息显示情况；②操作消防电话总机，建立通话，检查语音通话情况。

（2）①按《火灾自动报警系统施工及验收标准》GB 50166—2019 附录 D 的地址编号操作电话总机呼叫电话分机，检查总机呼叫信息显示情况；用秒表测量分机的响应时间；②操作分机，建立通话，检查语音通话情况

• 查验设备及工具

直观检查、秒表

• 重要程度

B

3）消防电话插孔

• 相关规范条文

《火灾自动报警系统施工及验收标准》GB 50166—2019 的 4.6.3 条

• 查验数量要求

电话插孔按安装数量 10%～20% 的比例查验，且查验总数不应少于 5 台

• 查验要求

电话手柄能通过电话插孔呼叫总机时，总机应在 3 s 内发出声、光指示信号；总机与电话手柄之间通话的语音应清晰

• 查验方法

将电话手柄插入电话插孔，用秒表测量总机的响应时间；操作总机，建立通话，检查语音通话情况

• 查验设备及工具

直观检查、秒表

• 重要程度

B

【学习卡八】火灾警报和消防应急广播系统

1）火灾声警报器

• 相关规范条文

《火灾自动报警系统施工及验收标准》GB 50166—2019 的 4.2.2 条、4.12.1 条

• 查验数量要求

全数查验

• 查验要求

声警报的 A 计权声压级应不大于 60 dB,环境噪声不大于 60 dB 时,声警报的 A 计权声压级应高于背景噪声 15 dB,带有语音提示功能的声警报器应能清晰播报语音信息

• 查验方法

操作控制器使声警报器启动,在警报器生产企业声称的最大设置间距、距地面 1.5～1.6 m 处用数字声级计测量声警报的声压级,检查语音信息的播报情况

• 查验设备及工具

直观检查、数字声级计

• 重要程度

A

2)火灾光警报器

• 相关规范条文

《火灾自动报警系统施工及验收标准》GB 50166—2019 的 4.2.2 条、4.12.1 条

• 查验数量要求

全数查验

• 查验要求

在正常环境光线下,警报器的光信号在警报器生产企业声称的最大设置间距处应清晰可见

• 查验方法

操作控制器使光警报器启动,在警报器生产企业声称的最大设置间距处,观察光信号显示情况

• 查验设备及工具

直观检查

• 重要程度

A

3)消防应急广播控制设备

• 相关规范条文

《火灾自动报警系统施工及验收标准》GB 50166—2019 的 4.1.6 条、4.12.4 条

• 查验数量要求

全数查验

• 查验要求

(1)应急广播启动功能:控制设备应能控制其配接的扬声器,在 10 s 内同时播放预设的广播信息,且语音信息应清晰。

(2)现场语音播报功能:通过传声器现场播报语音信息时,广播控制设备应自动中断预设信息广播,广播控制设备配接的扬声器应同时播放传声器的广播信息;停止利用传声器进行应急广播后,广播控制设备应在 3 s 内恢复至预设信息广播状态。

(3)应急广播停止功能:广播控制设备应能控制其配接的扬声器立即停止播放广播信息

• 查验方法

(1)操作消防应急广播控制设备启动应急广播,检查扬声器语音信息播报情况。

(2)将传声器插入消防应急广播控制设备,现场播报语音信息,检查扬声器语音播报切换情况。拔出传声器,用秒表测量扬声器语音播报切换时间。

(3)操作消防应急广播控制设备停止应急广播,检查扬声器停止语音信息播报情况

• 查验设备及工具

直观检查、秒表

• 重要程度

A

4)扬声器

• 相关规范条文

《火灾自动报警系统施工及验收标准》GB 50166—2019 的 4.12.5 条

• 查验数量要求

全数查验

• 查验要求

广播的 A 计权声压级应大于 60 dB,环境噪声大于 60 dB 时,广播的 A 计权声压级应高于背景噪声 15 dB;扬声器应能清晰播报语音信息

• 查验方法

操作消防应急广播控制设备使扬声器播放应急广播信息,在扬声器生产企业声称的最大设置间距、距地面 1.5～1.6 m 处用数字声级计测量广播的声压级,检查语音信息的播报情况

• 查验设备及工具

直观检查、数字声级计

• 重要程度

A

5)火灾警报和消防应急广播系统的控制

• 相关规范条文

《火灾自动报警系统施工及验收标准》GB 50166—2019 的 4.12.7 条

• 查验数量要求

全数查验

• 查验要求

(1)联动控制功能:①消防联动控制器应发出控制火灾警报装置和应急广播控制装置动作的启动信号,点亮启动指示灯;②应急广播系统与普通广播或背景音乐广播系统合用时,广播控制装置应停止正常广播;③警报器和扬声器应按下列规定交替工作:警报器应同时启动,持续工作 8～20 s 后,所有的警报器应同时停止警报;警报器停止工作后,扬声器进行 1～2 次应急广播,每次应急广播时间应为 10～30 s,应急广播结束后,所有扬声器应停止播放广播信息。

(2)手动插入操作优先功能:①应能手动控制所有火灾声、光警报器和扬声器停止正在进行的警报和应急广播;②应能手动控制所有的火灾声、光警报器和扬声器恢复警报和应急广播

• 查验方法

(1)①使报警区域内符合联动控制触发条件的两只火灾探测器或一只火灾探测器和手动火灾报警按钮发出火灾报警信号，检查消防联动控制器的工作状态；②检查正常广播的停止情况；③使火灾警报和应急广播系统持续工作 300 s，检查火灾警报器、扬声器的交替工作情况；用秒表分别测量火灾警报器、扬声器单次持续工作时间。

(2)①联动功能检查时，手动操作消防联动控制器总线控制盘上火灾警报和消防应急广播停止控制按钮、按键，检查火灾警报器、扬声器的工作情况；②手动操作消防联动控制器总线控制盘上火灾警报和消防应急广播启动控制按钮、按键，检查火灾警报器、扬声器的工作情况

• 查验设备及工具

直观检查、秒表

• 重要程度

A

【学习卡九】防火卷帘系统

1)防火卷帘控制器

• 相关规范条文

《火灾自动报警系统施工及验收标准》GB 50166—2019 的 4.13.1 条

• 查验数量要求

按实际安装数量 10%～20%的比例查验，且查验总数不应少于 5 台

• 查验要求

(1)手动控制功能：卷帘控制器应能手动控制防火卷帘上升、停止和下降。

(2)速放控制功能：卷帘控制器应能控制速放控制装置，使防火卷帘完全靠自重下降

• 查验方法

(1)手动操作控制器的上升、停止和下降按钮或按键，观察防火卷帘的动作情况。

(2)切断控制器、卷门机的主电源，手动操作控制器的速放按钮、按键，观察防火卷帘的动作情况

• 查验设备及工具

直观检查

• 重要程度

A

2)点型感烟火灾探测器、点型感温火灾探测器

• 相关规范条文

《火灾自动报警系统施工及验收标准》GB 50166—2019 的 4.13.2 条

• 查验数量要求

全数查验

• 查验要求	• 查验方法
(1)探测器火灾报警功能:探测器处于报警状态时,探测器的火警确认灯应点亮并保持。 (2)卷帘控制器控制功能:探测器发出火灾报警信号后,卷帘控制器应在 3 s 内发出卷帘动作声、光信号,按设计文件的规定控制防火卷帘下降至楼板面 1.8 m 或楼板面处	(1)采用专用的检测仪器或模拟火灾的方法,使探测器监测区域的烟雾浓度、温度达到探测器的报警设定阈值;观察探测器火警确认灯点亮情况。 (2)用秒表测量卷帘控制器的响应时间,对照设计文件检查防火卷帘的动作情况
• 查验设备及工具	**• 重要程度**
直观检查、秒表	A

3)手动控制装置

• 相关规范条文	• 查验数量要求
《火灾自动报警系统施工及验收标准》GB 50166—2019 的 4.13.3 条	全数查验
• 查验要求	**• 查验方法**
通过操作手动控制装置应能控制防火卷帘上升、停止和下降,卷帘控制器应发出卷帘动作声、光信号	手动操作手动控装置上升、停止和下降按钮、按键,检查控制器工作状态、卷帘动作情况
• 查验设备及工具	**• 重要程度**
直观检查	A

4)防火卷帘控制器不配接火灾探测器的防火卷帘系统的联动控制功能

• 相关规范条文	• 查验数量要求
《火灾自动报警系统施工及验收标准》GB 50166—2019 的 4.13.5 条	全数查验
• 查验要求	
(1)消防联动控制器应发出控制防火卷帘下降至距楼板面 1.8 m 处的启动信号,点亮启动指示灯。 (2)防火卷帘控制器应控制防火卷帘下降至距楼板面 1.8 m 处。 (3)消防联动控制器应发出控制防火卷帘下降至楼板面的启动信号。 (4)防火卷帘控制器应控制防火卷帘下降至楼板面	

• 查验方法

(1)使一只专门用于联动防火卷帘的感烟火灾探测器或报警区域内符合联动控制触发条件的两只感烟火灾探测器发出火灾报警信号,检查消防联动控制器的工作状态。

(2)检查防火卷帘的动作情况。

(3)使一只专门用于联动防火卷帘的感温火灾探测器发出火灾报警信号,检查消防联动控制器的工作状态。

(4)检查防火卷帘的动作情况

• 查验设备及工具

直观检查

• 重要程度

A

5)防火卷帘控制器配接火灾探测器的防火卷帘系统的联动控制功能

• 相关规范条文

《火灾自动报警系统施工及验收标准》GB 50166—2019 的 4.13.6 条

• 查验数量要求

全数查验

• 查验要求

(1)感烟火灾探测器报警时,防火卷帘控制器应控制防火卷帘下降至楼板面 1.8 m 处。

(2)感温火灾探测器报警时,防火卷帘控制器应控制防火卷帘下降至楼板面

• 查验方法

(1)使一只专门用于联动防火卷帘的感烟火灾探测器发出火灾报警信号,检查卷帘的动作情况。

(2)使一只专门用于联动防火卷帘的感温火灾探测器发出火灾报警信号,检查卷帘的动作

• 查验设备及工具

直观检查

• 重要程度

A

6)非疏散通道上设置的防火卷帘系统的联动控制功能

• 相关规范条文

《火灾自动报警系统施工及验收标准》GB 50166—2019 的 4.13.8 条、4.13.9 条

• 查验数量要求

全数查验

• 查验要求

(1)联动控制功能:①消防联动控制器应发出控制防火卷帘下降至楼板面的启动信号,点亮启动指示灯;②防火卷帘控制器应控制防火卷帘下降至楼板面。

(2)手动控制功能:消防联动控制器应能手动控制防火卷帘的下降

• 查验方法

(1)①使报警区域内符合联动控制触发条件的两只火灾探测器发出火灾报警信号，检查消防联动控制器的工作状态；②检查防火卷帘的动作情况。

(2)手动控制总线控制盘上卷帘下降控制按钮、按键，检查卷帘动作情况

• 查验设备及工具	• 重要程度
直观检查	A

【学习卡十】防火门监控系统

1)防火门监控器

• 相关规范条文	• 查验数量要求
《火灾自动报警系统施工及验收标准》GB 50166—2019 的 4.14.2 条	按实际安装数量 10%～20%的比例查验，且查验总数不应少于 5 台

• 查验要求	• 查验方法
监控器应能控制常开防火门关闭，接收并显示防火门关闭的反馈信息，显示防火门的地址注释信息，且显示地址注释信息应与《火灾自动报警系统施工及验收标准》GB 50166—2019 附录 D 一致	按照《火灾自动报警系统施工及验收标准》GB 50166——2019 附录 D 的地址编号，操作防火门监控器启动监控模块，观察对应防火门关闭情况，检查监控器的显示情况

• 查验设备及工具	• 重要程度
直观检查	A

2)防火门监控系统联动控制功能

• 相关规范条文	• 查验数量要求
《火灾自动报警系统施工及验收标准》GB 50166—2019 的 4.14.9 条	全数查验

• 查验要求	• 查验方法
(1)消防联动控制器应发出控制防火门关闭的启动信号，点亮启动指示灯。 (2)监控器应控制报警区域内所有常开防火门关闭	(1)使报警区域内符合联动控制触发条件的两只火灾探测器或一只火灾探测器和手动火灾报警按钮发出火灾报警信号，检查联动控制器的工作状态。 (2)检查防火门的动作情况

• 查验设备及工具	• 重要程度
直观检查	A

【学习卡十一】气体、干粉灭火系统

1)不具有火灾报警功能的气体、干粉灭火控制器的基本功能

• 相关规范条文	• 查验数量要求
《火灾自动报警系统施工及验收标准》GB 50166—2019 的 4.15.1 条	全数查验

• 查验要求	• 查验方法
(1)延时设置:控制器应能按设计文件的规定设置延时启动时间。 (2)手动控制功能:控制器应能按设计文件的规定手动控制特定防护区域声光警报器启动,防护区的防火门、窗和防火阀等关闭,通风空调系统停止,并进入启动延时,延时结束后,控制驱动装置动作;控制器发出声、光信号,记录启动时间	(1)检查控制器延时启动时间设置情况。 (2)手动操作控制器任一防护区域启动按钮、按键,检查控制器启动声、光信号指示情况、启动时间记录情况、受控设备的动作情况,用秒表测量启动延时时间

• 查验设备及工具	• 重要程度
直观检查、秒表	A

2)具有火灾报警功能的气体、干粉灭火控制器的基本功能

• 相关规范条文	• 查验数量要求
《火灾自动报警系统施工及验收标准》GB 50166—2019 的 4.15.2 条	全数查验

• 查验要求

(1)火警优先功能:火灾探测器、手动报警按钮发出火灾报警信号后,控制器应在 10 s 内发出声、光信号,并记录报警时间。

(2)二次报警功能:火灾探测器、手动报警按钮发出火灾报警信号后,控制器应在 10 s 内发出声、光信号,并记录报警时间。

(3)延时设置:控制器应能按设计文件的规定设置延时启动时间。

(4)手动控制功能:控制器应能按设计文件的规定手动控制特定防护区域声光警报器启动,防护区的防火门、窗和防火阀等关闭,通风空调系统停止,并进入启动延时,延时结束后,控制驱动装置动作;控制器发出声、光信号,记录启动时间

· 查验方法

(1)使任一只非故障部位的探测器、手动火灾报警按钮发出火灾报警信号,用秒表测量控制器火灾报警响应时间,检查控制器的火警信息记录情况。

(2)再次使另一只非故障部位的探测器、手动火灾报警按钮发出火灾报警信号,用秒表测量控制器火灾报警响应时间,检查控制器的火警信息记录情况。

(3)检查控制器延时启动时间设置情况。

(4)手动操作控制器任一防护区域启动按钮、按键,检查控制器启动声光信号指示情况、启动时间记录情况、受控设备的动作情况,并用秒表测量启动延时时间

· 查验设备及工具	· 重要程度
直观检查、秒表	A

3)点型感烟火灾探测器、点型感温火灾探测器

· 相关规范条文	· 查验数量要求
《火灾自动报警系统施工及验收标准》GB 50166—2019 的 4.3.4 条、4.3.5 条	全数查验

· 查验要求	· 查验方法
探测器处于报警状态时,探测器的火警确认灯应点亮并保持;控制器应发出火灾报警声、光信号,记录报警时间	采用专用的检测仪器或模拟火灾的方法,使探测器监测区域的烟雾浓度、温度达到探测器的报警阈值,观察探测器火警确认灯点亮情况;检查控制器火灾报警、火警信息记录情况

· 查验设备及工具	· 重要程度
直观检查	A

4)火灾警报器、喷洒光警报器

· 相关规范条文	· 查验数量要求
《火灾自动报警系统施工及验收标准》GB 50166—2019 的 4.12.1 条、4.12.2 条	全数查验

· 查验要求

(1)火灾声警报器的基本功能:声警报的 A 计权声压级应大于 60 dB;环境噪声大于 60 dB 时,声警报的 A 计权声压级应高于背景噪声 15 dB,带有语音提示功能的声警报应能清晰播报语音信息。

(2)火灾光警报器的基本功能、喷洒光警报器的基本功能:在正常环境光线下,火灾警报器、喷洒光警报器的光信号在某生产企业声称的最大设置间距处应清晰可见

• 查验方法

(1)操作控制器使声警报器启动,在警报器生产企业声称的最大设置间距、距地面1.5～1.6 m处用数字声级计测量声警报的声压级,检查语音信息的播报情况。

(2)操作控制器使声警报器启动,在警报器生产企业声称的最大设置间距处,观察光信号显示情况

• 查验设备及工具

直观检查、数字声级计、卷尺

• 重要程度

A

5)气体、干粉灭火控制器不具有火灾报警功能的“气体、干粉灭火系统”的联动控制功能

• 相关规范条文

《火灾自动报警系统施工及验收标准》GB 50166—2019的4.15.8条

• 查验数量要求

全数查验

• 查验要求

(1)消防联动控制器应发出控制灭火系统动作的首次启动信号,点亮启动指示灯。

(2)灭火控制器应控制启动防护区域内设置的火灾声光警报器。

(3)消防联动控制器应发出控制灭火系统动作的第二次启动信号。

(4)灭火控制器应进入启动延时,显示延时时间。

(5)灭火控制器应按设计文件规定,控制关闭该防护区域的电动送排风阀门、防火阀、门、窗。

(6)延时结束,灭火控制器应控制启动灭火装置和防护区域外设置的火灾声光警报器、喷洒光警报器

• 查验方法

(1)使防护区域内符合联动控制触发条件的一只火灾探测器或手动火灾报警按钮发出火灾报警信号,检查消防联动控制器的工作状态。

(2)检查火灾声光警报器的启动情况。

(3)使防护区域内符合联动控制触发条件的另一只火灾探测器、手动火灾报警按钮发出火灾报警信号,检查消防联动控制器的工作状态。

(4)检查控制器延时启动时间显示情况。

(5)对照设计文件检查受控设备的动作情况。

(6)检查灭火装置和防护区域外设置的火灾声光警报器、喷洒光警报器的动作情况

• 查验设备及工具

直观检查、秒表

• 重要程度

A

6)气体、干粉灭火控制器具有火灾报警功能的“气体、干粉灭火系统”的联动控制功能

·相关规范条文

《火灾自动报警系统施工及验收标准》GB 50166—2019 的 4.15.12 条

·查验数量要求

全数查验

·查验要求

(1)火灾探测器、手动火灾报警按钮处于报警状态时,灭火控制器应发出火灾报警声、光信号,记录报警时间。

(2)控制器应控制启动防护区域内的火灾声光警报器。

(3)火灾探测器、手动火灾报警按钮处于报警状态时,灭火控制器应记录现场部件火灾报警时间。

(4)灭火控制器应进入启动延时,显示延时时间。

(5)灭火控制器应按设计文件规定,控制关闭该防护区域的电动送排风阀门、防火阀、门、窗。

(6)延时结束,灭火控制器应控制启动灭火装置和防护区域外设置的火灾声光警报器、喷洒光警报器

·查验方法

(1)使防护区域内符合联动控制触发条件的一只火灾探测器或手动火灾报警按钮发出火灾报警信号,检查控制器的火灾报警、火警信息记录情况。

(2)检查火灾声光警报器的启动情况。

(3)使防护区域内符合联动控制触发条件的另一只火灾探测器或手动火灾报警按钮发出火灾报警信号,检查控制器火警信息记录情况。

(4)检查控制器延时启动时间显示情况。

(5)对照设计文件检查受控设备的动作情况。

(6)检查灭火装置和防护区域外设置的火灾声光警报器、喷洒光警报器的动作情况

·查验设备及工具

直观检查、秒表

·重要程度

A

7)手动插入优先功能

·相关规范条文

《火灾自动报警系统施工及验收标准》GB 50166—2019 的 4.15.9 条、4.15.13 条

·查验数量要求

全数查验

·查验要求

应能手动控制灭火控制器停止正在进行的联动控制操作

·查验方法

在联动控制进入启动延时阶段,手动操作灭火控制器对应该防护区域的停止按钮、按键,检查系统工作状态

• 查验设备及工具

直观检查

• 重要程度

A

8)现场紧急启动、停止功能

• 相关规范条文

《火灾自动报警系统施工及验收标准》GB 50166—2019 的 4.15.10 条、4.15.14 条

• 查验数量要求

全数查验

• 查验要求

(1)现场启动按钮动作后,灭火控制器应控制启动防护区域内设置的火灾声光警报器。

(2)灭火控制器应进入启动延时,显示延时时间。

(3)灭火控制器应按设计文件规定,控制关闭该防护区域的电动送排风阀门、防火阀、门、窗。

(4)现场停止按钮动作后,灭火控制器应能停止正在进行的操作

• 查验方法

(1)使防护区域设置的现场启动按钮动作,检查火灾声光警报器的启动情况。

(2)检查控制器延时启动时间显示情况。

(3)对照设计文件检查受控设备的动作情况。

(4)使防护区域设置的现场停止按钮动作,检查系统的工作状态

• 查验设备及工具

直观检查、秒表

• 重要程度

A

【学习卡十二】自动喷水灭火系统

1)消防泵控制箱、柜的查验

• 相关规范条文

《火灾自动报警系统施工及验收标准》GB 50166—2019 的 4.16.1 条

• 查验数量要求

全数查验

• 查验要求

(1)手动控制功能:控制箱、柜应能手动控制消防泵的启动、停止。

(2)自动控制功能:控制箱、柜应能接收消防联动控制器的启动信号,控制主消防泵的启动。

(3)主、备消防泵自动切换功能:运转的消防泵处于故障状态时,控制箱、柜应在 3 s 内自动控制泵组的另一台消防泵启动。

(4)手动控制插入优先功能:消防泵处于自动控制启动状态时,控制箱、柜应能手动控制消防泵的停止

· 查验方法

(1)分别手动操作控制箱、柜各消防泵启动按钮、按键,检查对应消防泵启动情况;手动操作消防泵停止按钮、按键,检查消防泵停止运转情况。

(2)手动操作控制箱、柜的手、自动控制转换控制按钮、按键,使控制箱、柜处于自动控制状态,模拟输入消防联动控制器的启动信号,观察主消防泵的启动情况。

(3)切断主消防泵的电源,用秒表测量泵组备用消防泵的启动时间。

(4)手动操作控制箱、柜备用消防泵停止按钮、按键,观察备用消防泵停止运转情况

· 查验设备及工具

直观检查、秒表

· 重要程度

A

2)湿式、干式喷水灭火系统的联动控制功能

· 相关规范条文

《火灾自动报警系统施工及验收标准》GB 50166—2019 的 4.16.5 条

· 查验数量要求

全数查验

· 查验要求

(1)消防联动控制器应发出控制消防泵启动的启动信号,点亮启动指示灯。

(2)消防泵控制箱、柜应控制启动消防泵

· 查验方法

(1)使报警阀防护区域内符合联动触发条件的一只火灾探测器或手动火灾报警按钮发出火灾报警信号,使报警阀的压力开关动作,检查消防联动控制器的工作状态。

(2)检查消防泵的启动情况

· 查验设备及工具

直观检查

· 重要程度

A

3)预作用式喷水灭火系统的联动控制功能

· 相关规范条文

《火灾自动报警系统施工及验收标准》GB 50166—2019 的 4.16.8 条

· 查验数量要求

全数查验

· 查验要求

(1)消防联动控制器发出控制预作用阀组开启的启动信号;系统设有快速排气装置时,消防联动控制器应同时发出控制排气阀前电动阀开启的启动信号;点亮启动指示灯。

(2)预作用阀组、排气阀前电动阀应开启

• 查验方法

(1)使报警阀防护区域内符合联动控制触发条件的两只火灾探测器或一只火灾探测器和手动火灾报警按钮发出火灾报警信号;检查消防联动控制器的工作状态。

(2)检查预作用阀组、排气阀前电动阀的启动情况

• 查验设备及工具

直观检查

• 重要程度

A

4)雨淋系统的联动控制功能

• 相关规范条文

《火灾自动报警系统施工及验收标准》GB 50166—2019 的 4.16.12 条

• 查验数量要求

全数查验

• 查验要求

(1)消防联动控制器发出控制雨淋阀组的启动信号,点亮启动指示灯。

(2)雨淋阀组应开启

• 查验方法

(1)使雨淋阀组防护区域内符合联动控制触发条件的两只感温火灾探测器或一只感温火灾探测器和手动火灾报警按钮发出火灾报警信号,检查消防联动控制器的工作状态。

(2)检查雨淋阀组的启动情况

• 查验设备及工具

直观检查

• 重要程度

A

5)用于保护防火卷帘的水幕系统的联动控制功能

• 相关规范条文

《火灾自动报警系统施工及验收标准》GB 50166—2019 的 4.16.16 条

• 查验数量要求

全数查验

• 查验要求

(1)消防联动控制器应发出控制雨淋阀组的启动信号,点亮启动指示灯。

(2)雨淋阀组应开启

• 查验方法

(1)使报警区域内符合联动控制触发条件的两只感温火灾探测器发出火灾报警信号,检查消防联动控制器的工作状态。

(2)检查雨淋阀组的启动情况

• 查验设备及工具	• 重要程度
直观检查	A

6)用于防火分隔的水幕系统的联动控制功能

• 相关规范条文	• 查验数量要求
《火灾自动报警系统施工及验收标准》GB 50166—2019 的 4.16.17 条	全数查验
• 查验要求	**• 查验方法**
(1)消防联动控制器应发出控制雨淋阀组的启动信号,点亮启动指示灯。 (2)雨淋阀组应开启	(1)使报警区域内符合联动控制触发条件的两只感温火灾探测器发出火灾报警信号,检查消防联动控制器的工作状态。 (2)检查雨淋阀组的启动情况
• 查验设备及工具	**• 重要程度**
直观检查	A

7)消防泵的直接手动控制功能

• 相关规范条文	• 查验数量要求
《火灾自动报警系统施工及验收标准》GB 50166—2019 的 4.16.6 条、4.16.9 条、4.16.13 条	全数查验
• 查验要求	**• 查验方法**
(1)在消防控制室应能通过消防联动控制器的直接手动控制单元控制消防泵箱、柜启动消防泵。 (2)应能通过消防联动控制器的直接手动控制单元手动控制消防泵箱、柜停止消防泵运转	(1)手动操作消防联动控制器直接手动控制单元的消防泵控制按钮、按键,检查消防泵的启动情况。 (2)手动操作消防联动控制器直接手动控制单元的消防泵停止控制按钮、按键,检查消防泵停止运转情况
• 查验设备及工具	**• 重要程度**
直观检查	A

8)预作用系统预作用阀组和排气阀前电动阀的直接手动控制功能、雨淋系统和水幕系统的雨淋阀组的直接手动控制功能

• 相关规范条文

《火灾自动报警系统施工及验收标准》GB 50166—2019 的 4.16.9 条、4.16.13 条

• 查验数量要求

全数查验

• 查验要求

(1)在消防控制室应能通过消防联动控制器的直接手动控制单元手动控制预作用阀组、雨淋阀组、排气阀前电动阀的开启。

(2)应能通过消防联动控制器的直接手动控制单元手动控制预作用阀组、雨淋阀组、排气阀前电动阀的关闭

• 查验方法

(1)手动操作消防联动控制器直接手动控制单元的预作用阀组、雨淋阀组、排气阀前电动阀启动控制按钮、按键,检查受控设备的启动情况。

(2)手动操作消防联动控制器直接手动控制单元的预作用阀组、雨淋阀组、排气阀前电动阀关闭控制按钮、按键,检查受控设备的关闭情况

• 查验设备及工具

直观检查

• 重要程度

A

【学习卡十三】消火栓系统

1)消防泵控制箱、柜的查验

• 相关规范条文

《火灾自动报警系统施工及验收标准》GB 50166—2019 的 4.16.1 条

• 查验数量要求

全数查验

• 查验要求

(1)手动控制功能:控制箱、柜应能手动控制消防泵的启动、停止。

(2)自动控制功能:控制箱、柜应能接收消防联动控制器的启动信号,控制主消防泵的启动。

(3)主、备泵自动切换功能:运转的消防水泵处于故障状态时,控制箱、柜应在 3 s 内自动控制泵组的另一台水泵启动。

(4)手动控制插入优先功能:消防泵处于自动控制启动状态时,控制箱、柜应能手动控制消防泵的停止

• 查验方法

(1)分别手动操作控制箱、柜各消防泵启动按钮、按键,检查对应消防泵启动情况;手动操作消防泵停止按钮、按键,检查消防泵停止运转情况。

(2)手动操作控制箱、柜的手、自动控制转换控制按钮、按键,使控制箱、柜处于自动控制状态,模拟输入消防联动控制器的启动信号,观察主消防泵的启动情况。

(3)切断主消防泵的电源,用秒表测量泵组备用消防泵的启动时间。

(4)手动操作控制箱、柜备用消防泵停止按钮、按键,观察备用消防泵停止运转情况

• 查验设备及工具	• 重要程度
直观检查、秒表	A

2)消火栓按钮

• 相关规范条文	• 查验数量要求
《火灾自动报警系统施工及验收标准》GB 50166—2019 的 4.17.3 条、4.17.4 条	按实际安装数量 5%～10%的比例查验，每个报警区域均应查验
• 查验要求	**• 查验方法**
消火栓按钮启动后，启动确认灯应点亮并保持，控制器应发出声、光报警信号，记录启动时间	手动操作消火栓按钮，检查按钮启动确认灯点亮情况、控制器报警情况、启动时间记录情况
• 查验设备及工具	**• 重要程度**
直观检查、秒表	A

3)消防栓系统联动控制功能

• 相关规范条文	• 查验数量要求
《火灾自动报警系统施工及验收标准》GB 50166—2019 的 4.16.6 条、4.17.6 条	全数查验
• 查验要求	**• 查验方法**
(1)联动控制功能：①消防联动控制器应发出控制消防泵启动的启动信号，点亮启动指示灯；②消防泵控制箱、柜应控制启动消防泵。 (2)直接手动控制功能：①在消防控制室应能通过消防联动控制器的直接手动控制单元控制消防泵箱、柜启动消防泵；②应能通过消防联动控制器的直接手动控制单元手动控制消防泵箱、柜停止消防泵运转	(1)使任一报警区域的两只火灾探测器或一只火灾探测器和手动火灾报警按钮发出火灾报警信号，使消火栓按钮动作，检查消防联动控制器的工作状态。 (2)①手动操作消防联动控制器直接手动控制单元的消防泵控制按钮、按键，检查消防泵的启动情况；②手动操作消防联动控制器直接手动控制单元的消防泵停止按钮、按键，检查消防泵停止运转情况
• 查验设备及工具	**• 重要程度**
直观检查	A

【学习卡十四】防烟排烟系统

1)风机控制箱、柜

• 相关规范条文	• 查验数量要求
《火灾自动报警系统施工及验收标准》GB 50166—2019 的 14.8.1 条	全数查验

• 查验要求	• 查验方法
(1)手动控制功能:控制箱、柜应能手动控制风机的启动、停止。 (2)自动控制功能:控制箱、柜应能接收消防联动控制器的启动信号,控制风机的启动。 (3)手动控制插入优先功能:风机处于自动控制启动状态时,控制箱、柜应能手动控制风机的停止	(1)手动操作控制箱、柜风机启动按钮、按键,检查风机启动情况;手动操作风机停止按钮、按键,检查风机停止运转情况。 (2)手动操作控制箱、柜的手、自动控制转换按钮、按键使控制箱、柜处于自动控制状态,模拟输入消防联动控制器的启动信号,观察风机的启动情况。 (3)手动操作控制箱、柜风机停止按钮、按键,观察风机停止运转情况

• 查验设备及工具	• 重要程度
直观检查	A

2)加压送风系统的联动控制功能

• 相关规范条文	• 查验数量要求
《火灾自动报警系统施工及验收标准》GB 50166—2019 的 4.18.5 条	按实际安装数量 5%～10%的比例查验,每个报警区域均应查验

• 查验要求	• 查验方法
(1)消防联动控制器应按设计文件的规定发出控制相应电动送风口开启、加压送风机启动的启动信号,点亮启动指示灯。 (2)相应的电动送风口应开启,风机控制箱、柜应控制加压送风机启动	(1)使报警区域内符合联动控制触发条件的两只火灾探测器或一只火灾探测器和手动火灾报警按钮发出火灾报警信号,检查消防联动控制器的工作状态。 (2)对照设计文件,检查受控设备的启动情况

• 查验设备及工具	• 重要程度
直观检查	A

3)电动挡烟垂壁、排烟系统的联动控制功能

·相关规范条文

《火灾自动报警系统施工及验收标准》GB 50166—2019的4.18.8条

·查验数量要求

全数查验

·查验要求

(1)消防联动控制器应按设计文件的规定发出控制电动挡烟垂壁下降,控制排烟口、排烟阀、排烟窗开启,控制空气调节系统的电动防火阀关闭的启动信号,点亮启动指示灯。

(2)电动挡烟垂壁、排烟口、排烟阀、排烟窗、空气调节系统的电动防火阀应动作。

(3)消防联动控制器接收到排烟口、排烟阀的动作反馈信号后,应发出控制排烟风机启动的启动信号。

(4)风机控制箱、柜应控制排烟风机启动

·查验方法

(1)使防烟分区内符合联动控制触发条件的两只感烟火灾探测器发出火灾报警信号,检查消防联动控制器的工作状态。

(2)对照设计文件,检查受控设备的动作情况。

(3)检查消防联动控制器的工作状态。

(4)检查排烟风机启动情况

·查验设备及工具

直观检查

·重要程度

A

4)加压送风机、排烟风机直接手动控制功能

·相关规范条文

《火灾自动报警系统施工及验收标准》GB 50166—2019的4.18.6条、4.18.9条

·查验数量要求

全数查验

·查验要求

(1)在消防控制室应能通过消防联动控制器的直接手动控制单元手动控制风机箱、柜启动加压送风机、排烟风机。

(2)应能通过消防联动控制器的直接单元手动控制风机箱、柜停止加压送风机、排烟风机运转

·查验方法

(1)手动操作消防联动控制器直接手动控制单元的加压送风机、排烟风机启动按钮、按键,检查加压送风机、排烟风机的启动情况。

(2)手动操作消防联动控制器直接手动控制单元的加压送风机、排烟风机停止按钮、按键,检查加压送风机、排烟风机停止运转情况

·查验设备及工具

直观检查

·重要程度

A

【学习卡十五】消防应急照明和疏散指示系统

1)集中控制型系统的控制功能

• 相关规范条文	• 查验数量要求
《火灾自动报警系统施工及验收标准》GB 50166—2019 的 4.19.1 条	全数查验

• 查验要求	• 查验方法
(1)火灾报警控制器火警控制输出触点应动作,或消防联动控制器应发出控制消防应急照明和疏散指示系统的启动信号,点亮启动指示灯。 (2)应急照明控制器应按预设逻辑控制配接的消防应急灯具的点亮、熄灭,控制系统蓄电池电源的转换	(1)使报警区域内符合联动控制触发条件的两只火灾探测器或一只火灾探测器和手动火报警按钮发出火灾报警信号,检查火警控制输出触点动作情况或检查消防联动控制器的工作状态。 (2)检查应急照明集中电源或应急照明配电箱工作状态、应急照明灯具光源点亮情况

• 查验设备及工具	• 重要程度
直观检查	A

2)非集中控制型系统的应急启动控制功能

• 相关规范条文	• 查验数量要求
《火灾自动报警系统施工及验收标准》GB 50166—2019 的 4.19.2 条	全数查验

• 查验要求	• 查验方法
火灾报警控制器的火警控制输出触点应动作,控制应急照明集中电源转入蓄电池电源输出、应急照明配电箱切断主电源输出,并控制其配接灯具的光源应急点亮	使报警区域内任两只火灾探测器或任一只火灾探测器和手动火灾报警按钮发出火灾报警信号,检查火警控制器输出触点动作情况、应急照明集中电源或应急照明配电箱工作状态、急照明灯具光源点亮情况

• 查验设备及工具	• 重要程度
直观检查	A

【学习卡十六】电梯、非消防电源等相关系统的联动控制

• 相关规范条文

《火灾自动报警系统施工及验收标准》GB 50166—2019 的 4.20.2 条

• 查验数量要求

全数查验

• 查验要求

(1)消防联动控制器应按设计文件的规定发出控制电梯停于首层或转换层、切断相关非消防电源、控制其他相关系统设备动作的启动信号，点亮启动指示灯。

(2)电梯应停于首层或转换层、相关非消防电源应切断、其他相关系统设备应动作

• 查验方法

(1)使报警区域符合电梯、非消防电源等相关系统联动控制触发条件的火灾探测器、手动火灾报警按钮发出火灾报警信号，检查消防联动控制器的工作状态。

(2)检查电梯、非消防电源等相关系统的动作情况

• 查验设备及工具

直观检查

• 重要程度

A

【学习卡十七】火灾自动报警系统的系统整体联动控制功能

• 相关规范条文

《火灾自动报警系统施工及验收标准》GB 50166—2019 的 4.21.2 条

• 查验数量要求

全数查验

• 查验要求

(1)消防联动控制器应发出控制火灾警报、消防应急广播系统、防火卷帘系统、防火门监控系统、防烟排烟系统、消防应急照明和疏散指示系统、电梯和非消防电源等相关系统动作的启动信号，点亮启动指示灯。

(2)警报器和扬声器应按下列规定交替工作：①警报器应同时启动，持续工作 8～20 s，所有警报器应同时停止警报；②警报器停止工作后，扬声器进行 1～2 次消防应急广播，每次应急广播的时间应为 10～30 s，应急广播结束后，所有扬声器应停止播放广播信息。

(3)防火卷帘控制器应控制防火卷帘下降至楼板面。

(4)防火门监控器应控制报警区域内所有常开防火门关闭。

(5)相应的电动送风口应开启，风机控制箱、柜应控制加压送风机启动。

(6)电动挡烟垂壁、排烟口、排烟阀、排烟窗、空气调节系统的电动防火阀应动作。

(7)风机控制箱、柜应控制排烟风机启动。

(8) 应急照明控制器应控制配接的消防应急灯具、应急照明集中电源、应急照明配电箱应急启动。

(9)电梯应停于首层或转换层、相关非消防电源应切断、其他相关系统设备应动作

·查验方法

(1)使报警区域内符合火灾警报、消防应急广播系统、防火卷帘系统、防火门监控系统、防烟排烟系统、消防应急照明和疏散指示系统、电梯和非消防电源等相关系统联动触发条件的火灾探测器、手动火灾报警按钮发出火灾报警信号,检查消防联动控制器的工作状态。

(2)检查火灾警报器、扬声器的交替工作情况;用秒表分别测量火灾警报器、扬声器单次持续工作时间。

(3)检查防火卷帘的动作情况。

(4)检查防火门的动作情况。

(5)对照设计文件,检查受控设备的启动情况。

(6)对照设计文件,检查受控设备的动作情况。

(7)检查排烟风机的启动情况。

(8) 检查应急照明集中电源或应急照明配电箱工作状态、应急照明灯具光源点亮情况。

(9) 检查电梯、非消防电源等相关系统的动作情况

·查验设备及工具	·重要程度
直观检查、秒表	A

【学习卡十八】家用火灾安全系统

1)控制中心监控设备

·相关规范条文	·查验数量要求
《火灾自动报警系统施工及验收标准》GB 50166—2019 的 4.4.1 条、4.4.2 条、4.1.6 条	全数查验

·查验要求	·查验方法
家用火灾报警控制器发出火灾报警信号后,监控器应发出声、光报警信号	使家用火灾报警控制器发出火灾报警信号,观察监控器的火灾报警情况

·查验设备及工具	·重要程度
直观检查	A

2)家用火灾报警控制器

·相关规范条文	·查验数量要求
《火灾自动报警系统施工及验收标准》GB 50166—2019 的 4.4.4 条	全数查验

• 查验要求	• 查验方法
(1)火警优先功能:探测器发出火灾报警信号后,控制器应在 10 s 内发出火灾报警声、光信号,并记录报警时间。 (2)二次报警功能:探测器发出火灾报警信号后,控制器应在 10 s 内发出火灾报警声、光信号,并记录报警时间	(1)使任一只非故障部位的探测器发出火灾报警信号,用秒表测量控制器火灾报警响应时间,检查控制器的火警信息记录情况。 (2)再次使另一只非故障部位的探测器发出火灾报警信号,用秒表测量控制器火灾报警响应时间,检查控制器的火警信息记录情况
• 查验设备及工具	**• 重要程度**
直观检查、秒表	A

3)家用安全系统现场部件(点型家用感烟火灾探测器、点型家用感温火灾探测器、独立式感烟火灾探测报警器、独立式感温火灾探测报警器)

• 相关规范条文	• 查验数量要求
《火灾自动报警系统施工及验收标准》GB 50166—2019 的 4.4.6 条	(1)每个回路都应查验。 (2)按回路实际安装数量 10%～20%的比例查验,且查验总数不应少于 20 只
• 查验要求	**• 查验方法**
(1)探测器处于报警状态时,探测器应发出火灾报警声信号,声报警信号的 A 计权声压级应在 45～75 dB 之间,并应采用逐渐增大的方式,初始声压级不应大于 45 dB。 (2)控制器应发出火灾报警声光信号,记录报警时间	(1)采用专用的检测仪器或模拟火灾的方法,使探测器监测区域的烟雾浓度、温度达到探测器的报警设定阈值;检查探测器火灾报警声信号启动情况,用数字声级计测量声警报的声压级。 (2)检查探测器火灾报警情况、火灾信息记录情况
• 查验设备及工具	**• 重要程度**
直观检查、数字声级计	A

【学习卡十九】可燃气体探测报警系统

1)可燃气体报警控制器

• 相关规范条文	• 查验数量要求
《火灾自动报警系统施工及验收标准》GB 50166—2019 的 4.7.2 条	全数查验

· 查验要求

(1)可燃气体报警功能:探测器发出报警信号后,控制器应在 30 s 内发出可燃气体报警声、光信号,并记录报警时间。

(2)负载功能:多个探测器同时处于报警状态时,控制器应分别记录发出报警信号部件的报警时间

· 查验方法

(1)使任一只非故障部位的探测器发出可燃气体报警信号,用秒表测量控制器报警响应时间,检查控制器报警信号记录情况。

(2)使至少 4 只可燃气体探测器同时处于报警状态(探测器总数少于 4 只时,使所有探测器均处于报警状态),检查控制器的报警信息记录情况

· 查验设备及工具

直观检查、秒表

· 重要程度

B

2)可燃气体探测器(点型可燃气体探测器、线型可燃气体探测器)

· 相关规范条文

《火灾自动报警系统施工及验收标准》GB 50166—2019 的 4.7.1 条、4.7.5 条

· 查验数量要求

(1)每个回路都应查验。

(2)按回路实际安装数量 10%～20%的比例查验,且查验总数不应少于 20 只。

(3)多线控制器:按探测器的实际安装数量全数查验

· 查验要求

探测器监测区域可燃气体浓度达到报警设定值时,探测器的报警确认灯应在 30 s 内点亮并保持;控制器应发出可燃气体报警声、光信号,记录报警时间

· 查验方法

对探测器施加浓度为探测器报警设定值的可燃气体标准样气,用秒表测量探测器的报警确认灯点亮时间;观察控制器可燃气体报警情况,检查控制器报警信息记录情况

· 查验设备及工具

直观检查

· 重要程度

B

四、任务分配

进行某建筑火灾自动报警系统的消防查验的任务分配。

消防查验任务分工表

查验单位(班级)				
查验人员	姓名	执业资格或专业技术资格	职务	任务分工
查验负责人(组长)				
项目组成员(组员)				

五、自主探学

根据任务分工,自主填写消防现场查验原始记录表。

消防现场查验原始记录表

项目名称				涉及阶段	□施工实施阶段 □竣工验收阶段	
日期				查验次数	第　次	
序号	所属分部工程	查验内容	查验位置	现场情况	问题描述	备注
1						
2						
3						
4						
设备仪器:						

六、合作研学

小组交流,教师指导,填写火灾自动报警系统概况及查验数量一览表。

火灾自动报警系统概况及查验数量一览表

系统概况					
名称	安装数量	设置位置	查验抽样标准	查验抽样数量	查验位置
消防控制室			全数查验		
火灾报警控制器			全数查验		
火灾探测器			(1)每个回路、每个探测区域都应查验。 (2)按回路实际安装数量10%～20%的比例查验,且查验总数不应少于20只		

续表

名称	安装数量	设置位置	查验抽样标准	查验抽样数量	查验位置
手动火灾报警按钮			全数查验		
火灾声光警报器			(1)每个回路、每个探测区域都应查验。 (2)按回路实际安装数量10%～20%的比例查验,且查验总数不应少于20只		
火灾显示盘					
控制中心监控设备			全数查验		
消防联动控制器			全数查验		
模块			全数查验		
消防设备应急电源			全数查验		
消防控制室图形显示装置			全数查验		
传输设备			全数查验		
消防电话总机			全数查验		
消防电话分机			全数查验		
消防电话插孔			按安装数量10%～20%的比例查验,且查验总数不应少于5台		
火灾声警报器和光警报器			全数查验		
消防应急广播控制设备			全数查验		
扬声器			全数查验		
火灾警报和消防应急广播系统的控制			全数查验		
防火卷帘控制器			按实际安装数量10%～20%的比例查验,且查验总数不应少于5台		
手动控制装置			全数查验		
疏散通道上设置的防火卷帘系统联动控制功能			全数查验		

续表

名称	安装数量	设置位置	查验抽样标准	查验抽样数量	查验位置
非疏散通道上设置的防火卷帘系统联动控制功能			全数查验		
防火门监控器			按实际安装数量10%～20%的比例查验，且查验总数不应少于5台		
防火门监控系统联动控制功能			全数查验		
不具有火灾报警功能的气体、干粉灭火控制器			全数查验		
声光警报器、手动与自动控制转换装置、手动与自动控制状态显示装置、现场启动和停止按钮： □ 火灾探测器 □ 手动火灾报警按钮			全数查验		
具有火灾报警功能的气体、干粉灭火系统控制			全数查验		
消防泵控制箱、柜的查验			全数查验		
湿式、干式喷水灭火系统的联动控制功能			全数查验		

续表

名称	安装数量	设置位置	查验抽样标准	查验抽样数量	查验位置
预作用式喷水灭火系统的联动控制功能			全数查验		
雨淋系统的联动控制功能			全数查验		
自动控制的水幕系统控制			全数查验		
消火栓按钮			按实际安装数量5%～10%的比例查验,每个报警区域均应查验		
水流指示器、压力开关、信号阀、液位探测器			(1)水流指示器、信号阀:按实际安装数量30%～50%的比例查验。 (2)压力开关、液位探测器:全数查验		
消防栓系统联动控制功能			全数查验		
风机控制箱、柜			全数查验		
电动送风口、电动挡烟垂壁、排烟口、排烟阀、排烟窗、电动防火阀、排烟风机入口处的总管上设置的280 ℃排烟防火阀			(1)电动送风口、电动挡烟垂壁、排烟口、排烟阀、排烟窗、电动防火阀:按实际安装数量30%～50%的比例查验。 (2)排烟风机入口处的总管上设置的280 ℃排烟防火阀:全数查验		
加压送风系统的联动控制功能			全数查验		
电动挡烟垂壁、排烟系统的联动控制功能			全数查验		

续表

名称	安装数量	设置位置	查验抽样标准	查验抽样数量	查验位置
消防应急照明和疏散指示系统控制			全数查验		
电梯、非消防电源等相关系统的联动控制			全数查验		
火灾自动报警系统的系统整体联动控制功能			全数查验		
电气火灾监控设备			全数查验		
电气火灾监控探测器： □ 线型感温火灾探测器			(1)每个回路都应查验。 (2)按回路实际安装数量10%～20%的比例查验，且查验总数不应少于20只		
消防设备电源监控器			全数查验		
传感器			(1)每个回路都应查验。 (2)按回路实际安装数量10%～20%的比例查验，且查验总数不应少于20只		
可燃气体报警控制器			全数查验		
可燃气体探测器			(1)每个回路都应查验。 (2)按回路实际安装数量10%～20%的比例查验，且查验总数不应少于20只。 (3)多线控制器：按探测器的实际安装数量全数查验		
家用火灾报警控制器			全数查验		

续表

名称	安装数量	设置位置	查验抽样标准	查验抽样数量	查验位置
点型家用感烟火灾探测器、点型家用感温火灾探测器。 □ 独立式感烟火灾探测报警器 □ 独立式感温火灾探测报警器			(1)每个回路都应查验。 (2)按回路实际安装数量10%～20%的比例查验,且查验总数不应少于20只		

注:(1)表中的查验数量均为最低要求。

(2)带有"□"标的项目内容为可选项,系统设置不涉及此项目时,查验不包括此项目。

(3)各查验项目中有不合格的,应修复或更换,并应进行复验;复验时,对有抽验比例要求的,应加倍查验。

七、展示赏学

小组合作完成火灾自动报警系统查验情况汇总表的填写,每个小组推荐一名组员分享汇报查验情况和结论。

火灾自动报警系统查验情况汇总表

序号	子分部工程	分项工程	查验情况	所属分部工程	是否符合经审查合格的消防设计文件、施工及验收规范要求
1	材料、设备进场检验	控制与显示类设备		智能建筑	□是 □否
		探测器类设备			□是 □否
		其他设备			□是 □否
2	安装与施工	材料类			□是 □否
		探测器类设备			□是 □否
		控制器类设备			□是 □否
		其他设备			□是 □否
3	系统验收	文件资料			□是 □否
		消防控制室			□是 □否
		材料类			□是 □否
		控制与显示类设备			□是 □否
		探测器类设备			□是 □否
		其他设备			□是 □否
		系统功能			□是 □否

任务三　应急照明及疏散指示系统查验

一、任务描述

应急照明及疏散指示系统是建设工程消防查验的重要内容之一，是指在火灾或其他紧急情况下，为人员疏散提供必要的照明和指引的系统。应急照明及疏散指示系统的组成包括应急照明灯、疏散指示灯、应急出口标识等。应急照明及疏散指示系统查验应符合国家工程建设消防技术标准的规定，包括系统设备、材料、布置、安装、调试、检测等方面的要求。本任务将介绍如何对应急照明及疏散指示系统进行消防查验，包括查验前准备、现场查验、查验报告编制等环节。

二、任务目标

（一）知识目标

（1）了解应急照明及疏散指示系统的定义、分类、功能和组成。

（2）掌握应急照明及疏散指示系统的设计原则、安装方法、调试步骤、查验项目和维护措施，以及相关的国家标准和行业规范。

（3）熟悉应急照明及疏散指示系统消防查验的目的、范围、依据、流程和注意事项，以及如何制订查验计划、执行查验任务、评价查验结果。

（二）能力目标

（1）能够运用所学知识，对应急照明及疏散指示系统的消防安全性进行分析和评估，发现并解决存在的问题和隐患。

（2）能够正确选择和使用查验工具和仪器（如电压表、电流表、光度计等），对应急照明及疏散指示系统的各个部分进行逐项检查和测试。

（3）能够根据现场查验情况，按照规定格式和要求，编制工程竣工验收消防查验报告，填写现场消防查验记录表。

（三）素质目标

（1）增强消防查验工作人员消防安全意识和责任感，遵守消防法规和规范，积极参与消防安全管理和保障工作。

（2）提高消防查验工作人员应急照明及疏散指示系统消防查验的专业技能和素养，掌握相关知识和技术，提高工作效率和质量，不断完善自身专业水平。

（3）加强消防查验工作人员与其他单位（如建设单位、设计单位、施工单位、监理单位等）的团队合作和沟通能力，协调好各方面的工作，共同完成消防查验任务。

三、相关知识链接

【学习卡一】设备选型(照明灯、出口标志灯、方向标志灯、楼层标志灯、多信息复合标志灯)

· 相关规范条文	· 查验要求
《消防应急照明和疏散指示系统技术标准》GB 51309—2018 的 3.2.1 条、4.1.6 条	灯具规格型号应符合设计文件的规定
· 查验数量要求	**· 查验方法**
建、构筑物含有 5 个及以下防火分区、楼层、隧道区间、地铁站台和站厅的,应全部查验;超过 5 个防火分区、楼层、隧道区间、地铁站台和站厅的应按实际数量 20% 的比例查验,且查验总数不应少于 5 个	对照设计文件核查灯具的规格型号
· 查验设备及工具	**· 重要程度**
直观检查	A

【学习卡二】消防产品准入制度(照明灯、出口标志灯、方向标志灯、楼层标志灯、多信息复合标志灯)

· 相关规范条文	· 查验要求
《消防应急照明和疏散指示系统技术标准》GB 51309—2018 的 3.1.5 条	应有与其相符合的、有效的认证证书和认证标识
· 查验数量要求	**· 查验方法**
建、构筑物含有 5 个及以下防火分区、楼层、隧道区间、地铁站台和站厅的,应全部查验;超过 5 个防火分区、楼层、隧道区间、地铁站台和站厅的应按实际数量 20% 的比例查验,且查验总数不应少于 5 个	核查产品的认证证书和认证标识
· 查验设备及工具	**· 重要程度**
直观检查	A

【学习卡三】消防产品准入制度(应急照明控制器、集中电源、应急照明配电箱)

· 相关规范条文

《消防应急照明和疏散指示系统技术标准》GB 51309—2018 的 3.1.5 条

· 查验要求

应有与其相符合的、有效的认证证书和认证标识

· 查验方法

核查产品的认证证书和认证标识

· 查验数量要求

全数查验

· 查验设备及工具

直观检查

· 重要程度

A

【学习卡四】集中电源

· 相关规范条文

《消防应急照明和疏散指示系统技术标准》GB 51309—2018 的 5.3.4 条

· 查验数量要求

全数查验

· 查验要求

集中电源处于主电源或蓄电池电源输出状态时,各配电回路的输出电压应符合设计文件的规定

· 查验方法

集中电源处于主电源输出或蓄电池电源输出状态时,分别用万用表测量各回路输出电压,对照设计文件核对电压测量值

· 查验设备及工具

直观检查,万用表

· 重要程度

A

【学习卡五】集中控制型集中电源

· 相关规范条文

《消防应急照明和疏散指示系统技术标准》GB 51309—2018 的 5.3.4 条

· 查验数量要求

建、构筑物含有 5 个及以下防火分区、楼层、隧道区间、地铁站台和站厅的,应全部查验;超过 5 个防火分区、楼层、隧道区间、地铁站台和站厅的应按实际数量 20% 的比例查验,且查验总数不应少于 5 个

·查验要求

(1)电源转换手动测试:应能手动控制应急照明集中电源实现主电源和蓄电池电源的输出转换。

(2)通信故障连锁控制功能:应急照明控制器与集中电源通信中断时,集中电源配接的所有非持续型照明灯的光源应应急点亮、所有非持续型灯具的光源由节电模式转入应急点亮模式。

(3)灯具应急状态保持功能:集中电源配接的灯具处于应急工作状态时,任一灯具回路的短路、断路不应影响其他回路灯具的应急工作状态

·查验方法

(1)手动操作应急照明集中电源的主电源和蓄电池电源转换测试按键(钮)或开关,检查集中电源的输出转换情况。

(2)使控制器与集中电源通信故障,对照设计文件和疏散指示方案检查灯具光源点亮情况。

(3)使集中电源配接的灯具处于应急工作状态,任意选取一个回路,分别使该回路短路、断路,观察其他回路灯具的工作状态

·查验设备及工具

直观检查

·重要程度

A

【学习卡六】应急照明配电箱

·相关规范条文

《消防应急照明和疏散指示系统技术标准》GB 51309—2018 的 5.3.6 条

·查验要求

应急照明配电箱的各配电回路的输出电压应符合设计文件的规定

·查验方法

用万用表测量应急照明配电箱各回路输出电压,对照设计文件核对电压测量值

·查验数量要求

建、构筑物含有 5 个及以下防火分区、楼层、隧道区间、地铁站台和站厅的,应全部查验;超过 5 个防火分区、楼层、隧道区间、地铁站台和站厅的应按实际数量 20% 的比例查验,且查验总数不应少于 5 个

·查验设备及工具

万用表

·重要程度

A

【学习卡七】集中控制型应急照明配电箱

·相关规范条文

《消防应急照明和疏散指示系统技术标准》GB 51309—2018 的 5.3.6 条

• 查验数量要求

建、构筑物含有5个及以下防火分区、楼层、隧道区间、地铁站台和站厅的，应全部查验；超过5个防火分区、楼层、隧道区间、地铁站台和站厅的应按实际数量20%的比例查验，且查验总数不应少于5个

• 查验要求

(1)主电源输出关断测试功能：应能手动控制应急照明配电箱切断主电源输出，并能手动控制应急照明配电箱恢复主电源输出。

(2)通信故障连锁控制功能：应急照明控制器与应急照明配电箱通信中断时，应急照明配电箱配接的所有非持续型照明灯的光源应应急点亮，所有非持续型灯具的光源由节电模式转入应急点亮模式。

(3)灯具应急状态保持功能：应急照明配电箱配接的灯具处于应急工作状态时，任一灯具回路的短路、断路不应影响该回路和其他回路灯具的应急工作状态

• 查验方法

(1)分别手动操作应急照明配电箱的主电源输出关断测试按键(钮)/开关和主电源输出恢复按键(钮)/开关，检查应急照明配电箱主电源输出的状态。

(2)使控制器与应急照明配电箱通信故障，对照设计文件和疏散指示方案检查灯具光源点亮情况。

(3)使应急照明配电箱配接的灯具处于应急工作状态，任意选取一个回路，分别使该回路短路、断路，观察灯具的工作状态

• 查验设备及工具

直观检查

• 重要程度

A

【学习卡八】集中控制型系统功能(非火灾状态下)

• 相关规范条文

《消防应急照明和疏散指示系统技术标准》GB 51309—2018的5.4.2条、5.4.3条、5.4.4条

• 查验数量要求

建、构筑物含有5个及以下防火分区、楼层、隧道区间、地铁站台和站厅的，应全部查验；超过5个防火分区、楼层、隧道区间、地铁站台和站厅的应按实际数量20%的比例查验，且查验总数不应少于5个

• 查验要求

(1)系统主电源断电控制功能：①消防电源断电后，该区域内所有非持续型照明灯的光源应应急点亮，持续型灯具的光源由节电点亮模式转入应急点亮模式，灯具持续点亮时间应符合设计文件的规定，且不应大于0.5 h；②消防电源恢复后，集中电源或应急照明配电箱应连锁其配接灯具的光源恢复原工作状态；③灯具持续点亮时间达到设计文件规定的时间后，集中电源或应急照明配电箱应连锁其配接灯具的光源熄灭。

(2)系统正常照明电源断电控制功能：该区域正常照明电源断电后，非持续型照明灯的光源应应急点亮，持续型灯具的光源应由节电点亮模式转入应急点亮模式

• 查验方法

(1)切断建、构筑物的消防电源,对照设计文件和疏散指示方案检查该区域灯具的工作状态,用秒表计时灯具持续点亮的时间;恢复集中电源或应急照明配电箱的主电源供电,对照设计文件和疏散指示方案检查灯具的工作状态;再次切断建、构筑物的消防电源,并保持至设计文件规定的持续应急时间,检查灯具光源的工作状态。

(2)切断该区域正常照明配电箱的电源输出,对照设计文件和疏散指示方案检查该区域灯具的点亮情况

• 查验设备及工具

直观检查、秒表

• 重要程度

A

【学习卡九】集中控制型系统功能(火灾状态下)

• 相关规范条文

《消防应急照明和疏散指示系统技术标准》GB 51309—2018 的 3.2.5 条、5.4.6 条、5.4.7 条,《建筑防火通用规范》GB 55037—2022 的 10.1.4 条

• 查验数量要求

建、构筑物含有 5 个及以下防火分区、楼层、隧道区间、地铁站台和站厅的,应全部查验;超过 5 个防火分区、楼层、隧道区间、地铁站台和站厅的应按实际数量 20% 的比例查验,且查验总数不应少于 5 个

• 查验方法

(1)①按照系统控制逻辑设计文件的规定,使火灾报警控制器发出火灾报警输出信号,检查应急照明控制器发出启动信号的情况;②对照疏散指示方案,检查该区域灯具光源的点亮情况,用秒表计时灯具光源点亮的响应时间;③检查系统中配接 B 型集中电源、B 型应急照明配电箱的工作状态;④检查 A 型集中电源、A 型应急照明配电箱的工作状态,切断系统的主电源供电,再次检查 A 型集中电源、A 型应急照明配电箱的工作状态。

(2)①按照系统控制逻辑设计文件的规定,使消防联动控制器发出被借用防火分区火灾报警的火灾报警区域信号,检查应急照明控制器发出启动信号的情况;②对照疏散指示方案,检查该防火分区内灯具的工作状态,用秒表测量灯具指示状态改变的响应时间。

(3)①按照系统控制逻辑设计文件的规定,使消防联动控制器发出代表相应疏散预案的消防联动控制信号,检查应急照明控制器发出启动信号的情况;②对照疏散指示方案,检查该区域内应急灯具的工作状态,用秒表测量灯具指示状态改变的响应时间。

(4)①手动操作控制器的一键启动按钮,检查应急照明控制器发出启动信号的情况;②对照疏散指示方案,检查该区域灯具光源的点亮情况;③检查集中电源或应急照明配电箱的工作状态。

(5)保持灯具的应急工作状态、灯具蓄电池电源供电,对照设计文件核查灯具的设置场所,用秒表计时,采用巡查方式观察该区域内灯具光源熄灭情况,任一只灯具光源熄灭或持续工作时间满足规定指标后停止计时,核查灯具光源应急点亮的持续工作时间是否低于规定指标

• 查验设备及工具

直观检查、秒表

• 重要程度

(1)A、(2)A、(3)A、(4)A、(5)B

• 查验要求

(1)系统自动应急启动功能:①应急照明控制器接收到火灾报警控制器发送的火灾报警输出信号后,应发出启动信号,显示启动时间;②系统内所有的非持续型照明灯的光源应应急点亮,持续型灯具的光源应由节电点亮模式转入应急点亮模式,高危场所灯具光源点亮的响应时间不应大于 0.25 s,其他场所灯具光源点亮的响应时间不应大于 5 s;③系统配接的 B 型集中电源应转入蓄电池电源输出,B 型应急照明配电箱应切断主电源输出;④系统中配接的 A 型应急照明配电箱、A 型集中电源应保持主电源输出,系统主电源断电后,A 型集中电源应转入蓄电池电源输出,A 型应急照明配电箱应切断主电源输出。

(2)借用相邻防火分区疏散的防火分区,标志灯具指示状态改变功能:①应急照明控制器接收到消防联动控制器发送的被借用防火分区的火灾报警区域信号后,应发送控制标志灯指示状态改变的启动信号,显示启动时间;②该防火分区内,按照不可借用相邻防火分区疏散工况条件对应的疏散指示方案,需要变换指示方向的方向标志灯应改变箭头指示方向,通向被借用防火分区入口的出口标志灯"出口"指示标志的光源应熄灭,"禁止入内"指示标志的光源应点亮,其他标志灯的工作状态应保持不变,灯具改变指示状态的响应时间不应大于 5 s。

(3)需要采用不同疏散预案的交通隧道、地铁隧道、站台和站厅等场所,标志灯具指示状态改变功能:①应急照明控制器接收到消防联动控制器发送的代表非默认疏散预案的消防联动控制信号后,应发出控制标志灯指示状态改变的启动信号,显示启动时间;②该区域内按照对应指示方案,需要变换指示方向的方向标志灯应改变箭头指示方向,通向需要关闭的疏散出口处设置的出口标志灯"出口"指示标志的光源应熄灭,"禁止入内"指示标志的光源应应急点亮,其他标志灯的工作状态应保持不变,灯具改变指示状态的响应时间不应大于 5 s。

(4)系统手动应急启动功能:①手动操作应急照明控制器的一键启动按钮后,应急照明控制器应发出手动应急启动信号,显示启动时间;②系统内所有的非持续型照明灯的光源应应急点亮,持续型灯具的光源应由节电点亮模式转入应急点亮模式;③集中电源应转入蓄电池电源输出,应急照明配电箱应切断主电源的输出。

(5)建筑内消防应急照明和灯光疏散指示标志的备用电源的连续供电时间要求:①建筑高度大于 100 m 的民用建筑,不应小于 1.5 h;②医疗建筑、老年人照料设施、总建筑面积大于 100000 m^2 的公共建筑和总建筑面积大于 20000 m^2 的地下、半地下建筑,不应少于 1.0 h;③其他建筑,不应少于 0.5 h;④一、二类隧道不应小于 1.5 h,隧道端口外接的站房不应小于 2.0 h;⑤三、四类隧道不应小于 1.0 h,隧道端口外接的站房不应小于 1.5 h;⑥系统初装容量应为上述 5 条规定持续工作时间的 3 倍

【学习卡十】非集中控制型系统功能(火灾状态下)

• 相关规范条文

《消防应急照明和疏散指示系统技术标准》GB 51309—2018 的 3.2.4 条、3.2.5 条、5.5.4 条、5.5.5 条、5.6.1 条

• 查验数量要求

建、构筑物含有5个及以下防火分区、楼层、隧道区间、地铁站台和站厅的，应全部查验；超过5个防火分区、楼层、隧道区间、地铁站台和站厅的应按实际数量20%的比例查验，且查验总数不应少于5个

• 查验要求

(1)设置区域火灾报警系统的场所，系统自动应急启动功能：①灯具采用集中电源供电时，集中电源收到火灾报警控制器发出的火灾报警输出信号后，应转入蓄电池电源输出，并应控制其所配接的非持续型照明灯光源应急点亮，持续型灯具的光源应由节电点亮模式转入应急点亮模式，高危场所灯具点亮的响应时间不应大于0.25 s，其他场所灯具点亮的响应时间不应大于5 s；②灯具采用自带蓄电池供电时，应急照明配电箱收到火灾报警控制器发出的火灾报警输出信号后，应切断主电源输出，并应控制其所配接的非持续型照明灯光源应急点亮，持续型灯具的光源应由节电点亮模式转入应急点亮模式，高危场所灯具点亮的响应时间不应大于0.25 s，其他场所灯具点亮的响应时间不应大于5 s。

(2)系统手动应急启动功能：①灯具采用集中电源供电时，应能手动控制集中电源转入蓄电池电源输出，并应控制其所配接的非持续型照明灯光源应急点亮，持续型灯具的光源应由节电点亮模式转入应急点亮模式，高危场所灯具点亮的响应时间不应大于0.25 s，其他场所灯具点亮的响应时间不应大于5 s；②灯具采用自带蓄电池供电时，应能手动控制应急照明配电箱切断电源输出，并应控制其所配接的非持续型照明灯光源应急点亮，持续型灯具的光源应由节电点亮模式转入应急点亮模式，高危场所灯具点亮的响应时间不应大于0.25 s，其他场所灯具点亮的响应时间不应大于5 s。

(3)灯具蓄电池供电持续工作时间要求：①医疗建筑不应少于1.0 h；②其他建筑不应少于0.5 h；③三、四类隧道不应小于1.0 h，隧道端口外接的站房不应小于1.5 h；④系统初装容量应为上述3条规定持续工作时间的3倍

• 查验设备及工具

直观检查、秒表、照度计

• 重要程度

(1)A、(2)A、(3)B

• 查验方法

(1)按照设计文件的规定，使火灾报警控制器发出火灾报警信号，对照疏散指示方案，检查该区域灯具的点亮情况，用秒表计时灯具光源点亮的响应时间。

(2)手动操作集中电源或应急照明配电箱的应急启动按钮，检查集中电源或应急照明配电箱的工作状态，检查该区域灯具光源的点亮情况，用秒表计时灯具光源点亮的响应时间。

(3)保持灯具的应急工作状态、灯具蓄电池电源供电，对照设计文件核查灯具的设置场所，用秒表开始计时，采用巡查方式观察该区域灯具光源熄灭情况，任一只灯具光源熄灭停止计时或持续工作时间满足规定指标后停止计时，核查灯具的持续工作时间是否低于规定指标

四、任务分配

进行某建筑应急照明及疏散指示系统的消防查验的任务分配。

消防查验任务分工表

<table>
<tr><td>查验单位（班级）</td><td colspan="4"></td></tr>
<tr><td>查验人员</td><td>姓名</td><td>执业资格或
专业技术资格</td><td>职务</td><td>任务分工</td></tr>
<tr><td>查验负责人（组长）</td><td></td><td></td><td></td><td></td></tr>
<tr><td rowspan="3">项目组成员（组员）</td><td></td><td></td><td></td><td></td></tr>
<tr><td></td><td></td><td></td><td></td></tr>
<tr><td></td><td></td><td></td><td></td></tr>
</table>

五、自主探学

根据任务分工，自主填写消防现场查验原始记录表。

消防现场查验原始记录表

<table>
<tr><td>项目名称</td><td colspan="3"></td><td>涉及阶段</td><td colspan="2">□施工实施阶段
□竣工验收阶段</td></tr>
<tr><td>日期</td><td colspan="3"></td><td>查验次数</td><td colspan="2">第　次</td></tr>
<tr><td>序号</td><td>所属分部工程</td><td>查验内容</td><td>查验位置</td><td>现场情况</td><td>问题描述</td><td>备注</td></tr>
<tr><td>1</td><td></td><td></td><td></td><td></td><td></td><td></td></tr>
<tr><td>2</td><td></td><td></td><td></td><td></td><td></td><td></td></tr>
<tr><td>3</td><td></td><td></td><td></td><td></td><td></td><td></td></tr>
<tr><td>4</td><td></td><td></td><td></td><td></td><td></td><td></td></tr>
<tr><td colspan="7">设备仪器：</td></tr>
</table>

六、合作研学

小组交流，教师指导，填写应急照明及疏散指示系统概况及查验数量一览表。

应急照明及疏散指示系统概况及查验数量一览表

<table>
<tr><td colspan="2">应急照明和疏散
指示系统概况</td><td colspan="5"></td></tr>
<tr><td colspan="2">名称</td><td>安装数量</td><td>设置位置</td><td>查验抽样数量要求</td><td>查验抽样数量</td><td>查验位置</td></tr>
<tr><td colspan="2">文件资料</td><td></td><td></td><td>全数查验</td><td></td><td></td></tr>
<tr><td rowspan="2">系统
形式和
功能
选择</td><td>集中控制型</td><td></td><td></td><td>全数查验</td><td></td><td></td></tr>
<tr><td>非集中控制
型</td><td></td><td></td><td>全数查验</td><td></td><td></td></tr>
</table>

续表

<table>
<tr><th colspan="2">名称</th><th>安装数量</th><th>设置位置</th><th>查验抽样数量要求</th><th>查验抽样数量</th><th>查验位置</th></tr>
<tr><td rowspan="2">系统线路设计</td><td>灯具配电线路设计</td><td></td><td></td><td rowspan="3">建、构筑物含有5个及以下防火分区、楼层、隧道区间、地铁站台和站厅的,应全部查验;超过5个防火分区、楼层、隧道区间、地铁站台和站厅的应按实际数量20%的比例查验,且查验总数不应少于5个</td><td></td><td></td></tr>
<tr><td>□集中控制型系统的通信线路设计</td><td></td><td></td><td></td><td></td></tr>
<tr><td colspan="2">布线</td><td></td><td></td><td></td><td></td></tr>
<tr><td rowspan="2">灯具</td><td>应急照明灯</td><td></td><td></td><td rowspan="2">与查验防火分区、楼层、隧道区间、地铁站台和站厅相关的设备数量</td><td></td><td></td></tr>
<tr><td>标志灯</td><td></td><td></td><td></td><td></td></tr>
<tr><td rowspan="2">供配电设备</td><td>□集中电源</td><td></td><td></td><td>全数查验</td><td></td><td></td></tr>
<tr><td>□应急照明配电箱</td><td></td><td></td><td>建、构筑物含有5个及以下防火分区、楼层、隧道区间、地铁站台和站厅的,应全部查验;超过5个防火分区、楼层、隧道区间、地铁站台和站厅的应按实际数量20%的比例查验,且查验总数不应少于5个</td><td></td><td></td></tr>
<tr><td rowspan="2">集中控制型系统</td><td>应急照明控制器</td><td></td><td></td><td rowspan="2">建、构筑物含有5个及以下防火分区、楼层、隧道区间、地铁站台和站厅的,应全部查验;超过5个防火分区、楼层、隧道区间、地铁站台和站厅的应按实际数量20%的比例查验,且查验总数不应少于5个</td><td></td><td></td></tr>
<tr><td>系统功能</td><td></td><td></td><td></td><td></td></tr>
</table>

续表

<table>
<tr><th colspan="2">名称</th><th>安装数量</th><th>设置位置</th><th>查验抽样数量要求</th><th>查验抽样数量</th><th>查验位置</th></tr>
<tr><td rowspan="2">非集中控制型系统</td><td>□未设置区域火灾自动报警系统的场所</td><td></td><td></td><td rowspan="2">建、构筑物含有5个及以下防火分区、楼层、隧道区间、地铁站台和站厅的，应全部查验；超过5个防火分区、楼层、隧道区间、地铁站台和站厅的应按实际数量20%的比例查验，且查验总数不应少于5个</td><td></td><td></td></tr>
<tr><td>□设置区域火灾自动报警系统的场所</td><td></td><td></td><td></td><td></td></tr>
<tr><td colspan="2">系统备用照明</td><td></td><td></td><td>全数查验</td><td></td><td></td></tr>
</table>

注：(1)表中的查验数量均为最低要求。
(2)带有“□”标的项目内容为可选项，系统设置不涉及此项目时，查验不包括此项目。
(3)各查验项目中有不合格的，应修复或更换，并应进行复验；复验时，对有查验比例要求的，应加倍查验。

七、展示赏学

小组合作完成应急照明及疏散指示系统查验情况汇总表的填写，每个小组推荐一名组员分享汇报查验情况和结论。

应急照明及疏散指示系统查验情况汇总表

<table>
<tr><td colspan="4">工程名称</td><td colspan="7"></td></tr>
<tr><td rowspan="2">序号</td><td rowspan="2" colspan="3">查验项目名称</td><td rowspan="2">GB 51309条款</td><td colspan="2">查验内容及方法</td><td colspan="4">查验结果</td></tr>
<tr><td>查验要求</td><td>查验方法</td><td>查验情况</td><td>重要程度</td><td>结论</td><td>备注</td></tr>
<tr><td colspan="11">照明灯、出口标志灯、方向标志灯、楼层标志灯、多信息复合标志灯查验</td></tr>
<tr><td>1</td><td rowspan="2">□照明灯
□出口标志灯
□方向标志灯
□楼层标志灯
□多信息复合标志灯</td><td>设备选型</td><td>规格型号</td><td>4.1.6</td><td>灯具规格型号应符合设计文件的规定</td><td>对照设计文件核查灯具的规格型号</td><td></td><td>A</td><td></td><td></td></tr>
<tr><td>2</td><td>消防产品准入制度</td><td>认证证书和标识</td><td>3.1.5</td><td>应有与其相符合的、有效的认证证书和认证标识</td><td>核查产品的认证证书和认证标识</td><td></td><td>A</td><td></td><td></td></tr>
</table>

续表

序号	查验项目名称			GB 51309条款	查验内容及方法		查验结果			
					查验要求	查验方法	查验情况	重要程度	结论	备注
应急照明控制器、集中电源、应急照明配电箱										
1	□应急照明控制器 □集中电源 □应急照明配电箱	设备选型	规格型号	4.1.6	规格、型号应符合设计文件的要求	对照设计文件核查设备的规格型号		A		
2		消防产品准入制度	认证证书和标识	3.1.5	应有与其相符合的、有效的认证证书和认证标识	核查产品的认证证书和认证标识		A		
3	□集中电源	系统部件基本功能	分配电输出功能	5.3.4	集中电源处于主电源或蓄电池电源输出状态时,各配电回路的输出电压应符合设计文件的规定	集中电源处于主电源输出或蓄电池电源输出状态时,分别用万用表测量各回路输出电压,对照设计文件核对电压测量值		A		
4	□集中控制型集中电源	系统部件基本功能	电源转换手动测试	5.3.4	应能手动控制应急照明集中电源实现主电源和蓄电池电源的输出转换	手动操作应急照明集中电源的主电源和蓄电池电源转换测试按键(钮)或开关,检查集中电源的输出转换情况		A		
5			通信故障连锁控制功能	5.3.4	应急照明控制器与集中电源通信中断时,集中电源配接的所有非持续型照明灯的光源应应急点亮,所有非持续型灯具的光源由节电模式转入应急点亮模式	使控制器与集中电源通信故障,对照设计文件和疏散指示方案检查灯具光源点亮情况		A		

续表

序号	查验项目名称			GB 51309 条款	查验内容及方法		查验结果			
					查验要求	查验方法	查验情况	重要程度	结论	备注
6	□集中控制型集中电源	系统部件基本功能	灯具应急状态保持功能	5.3.4	集中电源配接的灯具处于应急工作状态时，任一灯具回路的短路、断路不应影响其他回路灯具的应急工作状态	使集中电源配接的灯具处于应急工作状态，任意选取一个回路，分别使该回路短路、断路，观察其他回路灯具的工作状态		A		
7	□应急照明配电箱	系统部件基本功能	主电源分配输出功能	5.3.6	应急照明配电箱的各配电回路的输出电压应符合设计文件的规定	用万用表测量应急照明配电箱各回路输出电压，对照设计文件核对电压测量值		A		
8	□集中控制型应急照明配电箱	系统部件基本功能	主电源输出关断测试功能	5.3.6	应能手动控制应急照明配电箱切断主电源输出，并能手动控制应急照明配电箱恢复主电源输出	分别手动操作应急照明配电箱的主电源输出关断测试按键(钮)或开关和主电源输出恢复按键(钮)或开关，检查应急照明配电箱主电源输出的状态		A		
9			通信故障连锁控制功能	5.3.6	应急照明控制器与应急照明配电箱通信中断时，应急照明配电箱配接的所有非持续型照明灯的光源应应急点亮，所有非持续型灯具的光源由节电模式转入应急点亮模式	使控制器与应急照明配电箱通信故障，对照设计文件和疏散指示方案检查灯具光源点亮情况		A		

续表

序号	查验项目名称			GB 51309 条款	查验内容及方法		查验结果			
					查验要求	查验方法	查验情况	重要程度	结论	备注
10	□集中控制型应急照明配电箱	系统部件基本功能	灯具应急状态保持功能	5.3.6	应急照明配电箱配接的灯具处于应急工作状态时,任一灯具回路的短路、断路不应影响该回路和其他回路灯具的应急工作状态	使应急照明配电箱配接的灯具处于应急工作状态,任意选取一个回路,分别使该回路短路、断路,观察灯具的工作状态		A		
系统功能查验										
11	□集中控制型系统功能(非火灾状态下)	非火灾状态下系统控制功能查验	系统主电源断电控制功能	5.4.3	消防电源断电后,该区域内所有非持续型照明灯的光源应应急点亮,持续型灯具的光源由节电点亮模式转入应急点亮模式,灯具持续点亮时间应符合设计文件的规定,且不应大于0.5 h	切断建、构筑物的消防电源,对照设计文件和疏散指示方案检查该区域灯具的工作状态,用秒表计时灯具持续点亮的时间		A		
				5.4.3	消防电源恢复后,集中电源或应急照明配电箱应连锁其配接灯具的光源恢复原工作状态	恢复集中电源或应急照明配电箱的主电源供电,对照设计文件和疏散指示方案检查灯具的工作状态		A		
				5.4.3	灯具持续点亮时间达到设计文件规定的时间后,集中电源或应急照明配电箱应连锁其配接灯具的光源熄灭	再次切断建、构筑物的消防电源,并保持至设计文件规定的持续应急时间,检查灯具光源的工作状态		A		

续表

序号	查验项目名称			GB 51309 条款	查验内容及方法		查验结果			
					查验要求	查验方法	查验情况	重要程度	结论	备注
12	□集中控制型系统功能（非火灾状态下）	非火灾状态下系统控制功能查验	系统正常照明电源断电控制功能	5.4.4	该区域正常照明电源断电后，非持续型照明灯的光源应应急点亮、持续型灯具的光源应由节电点亮模式转入应急点亮模式	切断该区域正常照明配电箱的电源输出，对照设计文件和疏散指示方案检查该区域灯具的点亮情况		A		
13	□集中控制型系统功能（火灾状态下）	火灾状态系统控制功能查验	系统自动应急启动功能	5.4.6	应急照明控制器接收到火灾报警控制器发送的火灾报警输出信号后，应发出启动信号，显示启动时间	按照系统控制逻辑设计文件的规定，使火灾报警控制器发出火灾报警输出信号，检查应急照明控制器发出启动信号的情况		A		
				5.4.6	系统内所有的非持续型照明灯的光源应急点亮，持续型灯具的光源应由节电点亮模式转入应急点亮模式，高危场所灯具光源点亮的响应时间不应大于 0.25 s，其他场所灯具光源点亮的响应时间不应大于 5 s	对照疏散指示方案，检查该区域灯具光源的点亮情况，用秒表计时灯具光源点亮的响应时间		A		

续表

序号	查验项目名称			GB 51309 条款	查验内容及方法		查验结果			
					查验要求	查验方法	查验情况	重要程度	结论	备注
13	□集中控制型系统功能(火灾状态下)	火灾状态系统控制功能查验	系统自动应急启动功能	5.4.6	系统配接的B型集中电源应转入蓄电池电源输出,B型应急照明配电箱应切断主电源输出	检查系统中配接B型集中电源、B型应急照明配电箱的工作状态		A		
				5.4.6	系统中配接的A型应急照明配电箱、A型集中电源应保持主电源输出,系统主电源断电后,A型集中电源应转入蓄电池电源输出、A型应急照明配电箱应切断主电源输出	检查A型集中电源、A型应急照明配电箱的工作状态,切断系统的主电源供电,再次检查A型集中电源、A型应急照明配电箱的工作状态		A		

续表

<table>
<tr><th rowspan="2">序号</th><th rowspan="2" colspan="3">查验项目名称</th><th rowspan="2">GB 51309 条款</th><th colspan="2">查验内容及方法</th><th colspan="4">查验结果</th></tr>
<tr><th>查验要求</th><th>查验方法</th><th>查验情况</th><th>重要程度</th><th>结论</th><th>备注</th></tr>
<tr><td rowspan="2">14</td><td rowspan="2">□集中控制型系统功能（火灾状态下）</td><td rowspan="2">火灾状态系统控制功能查验</td><td rowspan="2">□借用相邻防火分区疏散的防火分区，标志灯具指示状态改变功能</td><td>5.4.7</td><td>应急照明控制器接收到消防联动控制器发送的被借用防火分区的火灾报警区域信号后，应发送控制标志灯指示状态改变的启动信号，显示启动时间</td><td>按照系统控制逻辑设计文件的规定，使消防联动控制器发出被借用防火分区火灾报警的火灾报警区域信号，检查应急照明控制器发出启动信号的情况</td><td></td><td>A</td><td></td><td></td></tr>
<tr><td>5.4.7</td><td>该防火分区内，按照不可借用相邻防火分区疏散工况条件对应的疏散指示方案，需要变换指示方向的方向标志灯应改变箭头指示方向，通向被借用防火分区入口的出口标志灯“出口”指示标志的光源应熄灭，“禁止入内”指示标志的光源应点亮，其他标志灯的工作状态应保持不变，灯具改变指示状态的响应时间不应大于5 s</td><td>对照疏散指示方案，检查该防火分区内灯具的工作状态，用秒表测量灯具指示状态改变的响应时间</td><td></td><td>A</td><td></td><td></td></tr>
</table>

续表

序号	查验项目名称			GB 51309 条款	查验内容及方法		查验结果			
					查验要求	查验方法	查验情况	重要程度	结论	备注
15	□集中控制型系统功能(火灾状态下)	火灾状态系统控制功能查验	□需要采用不同疏散预案的交通隧道、地铁隧道、站台和站厅等场所,标志灯具指示状态改变功能	5.4.7	应急照明控制器接收到消防联动控制器发送的代表非默认疏散预案的消防联动控制信号后,应发出控制标志灯指示状态改变的启动信号,显示启动时间	按照系统控制逻辑设计文件的规定,使消防联动控制器发出代表相应疏散预案的消防联动控制信号,检查应急照明控制器发出启动信号的情况		A		
				5.4.7	该区域内按照对应指示方案,需要变换指示方向的方向标志灯应改变箭头指示方向,通向需要关闭的疏散出口处设置的出口标志灯“出口”指示标志的光源应熄灭,“禁止入内”指示标志的光源应应急点亮,其他标志灯的工作状态应保持不变,灯具改变指示状态的响应时间不应大于5 s	对照疏散指示方案,检查该区域内应急灯具的工作状态,用秒表测量灯具指示状态改变的响应时间		A		

续表

序号	查验项目名称			GB 51309 条款	查验内容及方法		查验结果			
					查验要求	查验方法	查验情况	重要程度	结论	备注
16	□集中控制型系统功能(火灾状态下)	火灾状态系统控制功能查验	系统手动应急启动功能	5.4.7	手动操作应急照明控制器的一键启动按钮后,应急照明控制器应发出手动应急启动信号,显示启动时间	手动操作控制器的一键启动按钮,检查应急照明控制器发出启动信号的情况		A		
				5.4.7	系统内所有的非持续型照明灯的光源应应急点亮,持续型灯具的光源应由节电点亮模式转入应急点亮模式	对照疏散指示方案,检查该区域灯具光源的点亮情况		A		
				5.4.7	集中电源应转入蓄电池电源输出,应急照明配电箱应切断主电源的输出	检查集中电源或应急照明配电箱的工作状态		A		

续表

序号	查验项目名称			GB 51309 条款	查验内容及方法		查验结果			
					查验要求	查验方法	查验情况	重要程度	结论	备注
17	□集中控制型系统功能(火灾状态下)	火灾状态系统控制功能查验	建筑内消防应急照明和灯光疏散指示标志的备用电源的连续供电时间要求	3.2.4	□建筑高度大于 100 m 的民用建筑,不应小于 1.5 h	保持灯具的应急工作状态、灯具蓄电池电源供电,对照设计文件核查灯具的设置场所,用秒表开始计时,采用巡查方式观察该区域内灯具光源熄灭情况,任一只灯具光源熄灭停止计时或持续工作时间满足规定指标后停止计时,核查灯具光源应急点亮的持续工作时间是否低于规定指标		B		
				3.2.4	□医疗建筑、老年人照料设施、总建筑面积大于 10000 m^2 的公共建筑和总建筑面积大于 20000 m^2 的地下、半地下建筑,不应少于 1.0 h			B		
				3.2.4	□其他建筑,不应少于 0.5 h			B		
				3.2.4	□一、二类隧道不应小于 1.5 h,隧道端口外接的站房不应小于 2.0 h			B		
				3.2.4	□三、四类隧道不应小于 1.0 h,隧道端口外接的站房不应小于 1.5 h			B		
				3.2.4	□系统初装容量应为上述 5 条规定持续工作时间的 3 倍			B		

续表

序号	查验项目名称			GB 51309条款	查验要求	查验方法	查验情况	重要程度	结论	备注
18	□非集中控制型系统功能（火灾状态下）	火灾状态下系统控制功能查验	设置区域火灾报警系统的场所，系统自动应急启动功能	5.5.4	灯具采用集中电源供电时，集中电源收到火灾报警控制器发出的火灾报警输出信号后，应转入蓄电池电源输出，并应控制其所配接的非持续型照明灯光源应急点亮，持续型灯具的光源应由节电点亮模式转入应急点亮模式，高危场所灯具点亮的响应时间不应大于0.25 s，其他场所灯具点亮的响应时间不应大于5 s	按照设计文件的规定，使火灾报警控制器发出火灾报警信号，对照疏散指示方案，检查该区域灯具的点亮情况，用秒表计时灯具光源点亮的响应时间		A		
				5.5.4	灯具采用自带蓄电池供电时，应急照明配电箱收到火灾报警控制器发出的火灾报警输出信号后，应切断主电源输出，并应控制其所配接的非持续型照明灯光源应急点亮，持续型灯具的光源应由节电点亮模式转入应急点亮模式，高危场所灯具点亮的响应时间不应大于0.25 s，其他场所灯具点亮的响应时间不应大于5 s	按照设计文件的规定，使火灾报警控制器发出火灾报警信号，对照疏散指示方案，检查该区域灯具的点亮情况，用秒表计时灯具光源点亮的响应时间		A		

续表

序号	查验项目名称			GB 51309条款	查验内容及方法		查验结果			
					查验要求	查验方法	查验情况	重要程度	结论	备注
19	□非集中控制型系统功能(火灾状态下)	火灾状态下系统控制功能查验	系统手动应急启动功能	5.5.5	灯具采用集中电源供电时,应能手动控制集中电源转入蓄电池电源输出,并应控制其所配接的非持续型照明灯光源应急点亮,持续型灯具的光源应由节电点亮模式转入应急点亮模式,高危场所灯具点亮的响应时间不应大于0.25 s,其他场所灯具点亮的响应时间不应大于5 s	手动操作集中电源或应急照明配电箱的应急启动按钮,检查集中电源或应急照明配电箱的工作状态,检查该区域灯具光源的点亮情况,用秒表计时灯具光源点亮的响应时间		A		
				5.5.5	□灯具采用自带蓄电池供电时,应能手动控制应急照明配电箱切断电源输出,并应控制其所配接的非持续型照明灯光源应急点亮,持续型灯具的光源应由节电点亮模式转入应急点亮模式,高危场所灯具点亮的响应时间不应大于0.25 s,其他场所灯具点亮的响应时间不应大于5 s	手动操作集中电源或应急照明配电箱的应急启动按钮,检查集中电源或应急照明配电箱的工作状态,检查该区域灯具光源的点亮情况,用秒表计时灯具光源点亮的响应时间		A		

续表

序号	查验项目名称			GB 51309条款	查验内容及方法		查验结果			
					查验要求	查验方法	查验情况	重要程度	结论	备注
20	□非集中控制型系统功能（火灾状态下）	火灾状态下系统控制功能查验	灯具蓄电池供电持续工作时间要求	3.2.4	医疗建筑不应少于1.0 h	保持灯具的应急工作状态、灯具蓄电池电源供电，对照设计文件核查灯具的设置场所，用秒表开始计时，采用巡查方式观察该区域灯具光源熄灭情况，任一只灯具光源熄灭停止计时或持续工作时间满足规定指标后停止计时，核查灯具的持续工作时间是否低于规定指标		B		
				3.2.4	其他建筑不应少于0.5 h			B		
				3.2.4	三、四类隧道不应小于1.0 h，隧道端口外接的站房不应小于1.5 h			B		
				3.2.4	系统初装容量应为上述3条规定持续工作时间的3倍			B		
查验结论				□合格			□不合格			

注：表格中的“□”表示可供选择，在选中内容的“□”内画“√”。

模块四　建筑水消防系统查验

任务一　消防给水及消火栓系统查验

一、任务描述

随着工业化和城市化的快速发展，消防给水及消火栓系统随着工程建设的大规模开展也快速发展，消防给水及消火栓系统在工程建设中的重要性、安全可靠性和经济合理性不言而喻。

水作为火灾扑救过程中的主要灭火剂，其供应量的多少直接影响灭火成效，而火灾控制和扑救所需的消防用水主要由消防给水系统供应，因此消防给水的供水能力和安全可靠性决定了灭火的成效。消防给水是水灭火系统的心脏，只有心脏安全可靠，水灭火系统才能可靠。消火栓是消防队员和建筑物内人员进行灭火的重要消防设施，我们要以人为本，更加重视将消火栓的设置位置与消防队员扑救火灾的战术和工艺要求相结合，以满足消防部队第一出动灭火的要求。

本任务旨在让学习者了解消防给水及消火栓系统的基本要求和检查方法，掌握如何对建设工程的消防给水及消火栓系统进行有效查验，以保障建筑消火栓系统的安全可靠性。

二、任务目标

(一)知识目标

(1)理解消防给水及消火栓系统的相关规范与标准，掌握消防给水设施、消火栓系统的基本要求。

(2)掌握消防给水设施的类型、设置要求、工作原理和安装要求。

(3)掌握消火栓系统管网、消火栓、流量、压力的设置要求和系统联动功能原理。

(4)掌握消防给水及消火栓系统的检查方法、检查内容和检查标准。

(二)能力目标

(1)能够分析建设工程的消防给水及消火栓系统的设计方案和施工图纸，判断是否符合消防安全要求。

（2）能够检查建设工程的消防给水及消火栓系统的现场情况，发现并记录存在的问题和缺陷。

（3）能够测试建设工程的消防给水及消火栓系统的性能和联动，评价是否达到设计要求。

（4）能够提出建设工程的消防给水及消火栓系统的整改建议和措施，编制建设工程消防查验报告。

（三）素质目标

（1）增强团队合作意识。

（2）培养消防查验工作人员科学严谨、求真务实和专心致志的工作态度和作风。

三、相关知识链接

【学习卡一】消防水源

• 相关规范条文

《消防给水及消火栓系统技术规范》GB 50974—2014 的 13.2.4 条

• 查验方法

对照设计资料直观检查

• 查验要求

（1）应检查室外给水管网的进水管管径及供水能力，并应检查高位消防水箱、高位消防水池和消防水池等的有效容积和水位测量装置等符合设计要求。

（2）当采用地表天然水源作为消防水源时，其水位、水量、水质等应符合设计要求。

（3）应根据有效水文资料检查天然水源枯水期最低水位、常水位和洪水位，确保消防用水应符合设计要求。

（4）应根据地下水井抽水试验资料确定常水位、最低水位、出水量和水位测量装置等技术参数和装备，并应符合设计要求

• 查验数量要求

全数查验

• 查验设备及工具

直观检查

• 重要程度

A

【学习卡二】消防水池和高位消防水箱

• 相关规范条文

《消防给水及消火栓系统技术规范》GB 50974—2014 的 13.2.9 条

• 查验方法

直观检查

• 查验要求	• 查验数量要求
(1)设置位置应符合设计要求。 (2)消防水池、高位消防水池和高位消防水箱的有效容积、水位、报警水位等应符合设计要求。 (3)进出水管、溢流管、排水管等应符合设计要求,且溢流管应采用间接排水	全数查验
• 查验设备及工具	**• 重要程度**
直观检查	A

【学习卡三】消防水泵房

• 相关规范条文	• 查验方法
《消防给水及消火栓系统技术规范》GB 50974—2014 的 13.2.5 条	对照图纸直观检查

• 查验要求

(1)消防水泵房的建筑防火要求应符合设计要求和现行国家标准《建筑设计防火规范》GB 50016—2014 的有关规定。

(2)消防水泵房设置的应急照明、安全出口应符合设计要求。

(3)消防水泵房的采暖通风、排水和防洪等应符合设计要求。

(4)消防水泵房的设备进出和维修安装空间应满足设备要求。

(5)消防水泵控制柜的安装位置和防护等级应符合设计要求

• 查验数量要求	• 查验设备及工具	• 重要程度
全数查验	直观检查	B

【学习卡四】消防水泵

• 相关规范条文	• 查验方法
《消防给水及消火栓系统技术规范》GB 50974—2014 的 13.2.6 条	直观检查和采用仪表检测

• 查验要求

(1)消防水泵运转应平稳,应无不良噪声振动。

(2)工作泵、备用泵、吸水管、出水管及出水管上的泄压阀、水锤消除设施、止回阀、信号阀等的规格、型号、数量应符合设计要求;吸水管、出水管上的控制阀应锁定在常开位置,并应有明显标记。

(3)消防水泵应采用自灌式引水方式,并应保证全部有效储水被有效利用。

(4)分别开启系统中的每一个末端试水装置、试水阀和试验消火栓,水流指示器、压力开关、压力开关(管网)、高位消防水箱流量开关等信号的功能均应符合设计要求。

(5)打开消防水泵出水管上试水阀,当采用主电源启动消防水泵时,消防水泵应启动正常;关掉主电源,主、备电源应能正常切换;备用泵启动和相互切换正常;消防水泵就地和远程启停功能应正常。

(6)消防水泵停泵时,水锤消除设施后的压力不应超过水泵出口设计工作压力的 1.4 倍。

(7)消防水泵启动控制应置于自动启动挡。

(8)采用固定和移动式流量计和压力表测试消防水泵的性能,消防水泵性能应满足设计要求

• 查验数量要求	• 查验设备及工具	• 重要程度
全数查验	直观检查、流量计、压力表	(1)B、(2)A、(3)B、(4)B、(5)B、(6)B、(7)A、(8)B

【学习卡五】稳压泵

• 相关规范条文	• 查验方法
《消防给水及消火栓系统技术规范》GB 50974—2014 的 13.2.7 条	直观检查

• 查验要求

(1)稳压泵的型号性能等应符合设计要求。

(2)稳压泵的控制应符合设计要求,并应有防止稳压泵频繁启动的技术措施。

(3)稳压泵在 1 h 内的启停次数应符合设计要求,并不宜大于 15 次/h。

(4)稳压泵供电应正常,自动手动启停应正常;关掉主电源,主、备电源应能正常切换。

(5)气压水罐的有效容积以及调节容积应符合设计要求,并应满足稳压泵的启停要求

• 查验数量要求	• 查验设备及工具	• 重要程度
全数查验	直观检查	(1)A、(2)B、(3)B、(4)B、(5)B

【学习卡六】气压水罐

• 相关规范条文	• 查验方法
《消防给水及消火栓系统技术规范》GB 50974—2014 的 13.2.10 条	直观检查

• 查验要求	• 查验数量要求
气压水罐的有效容积、调节容积和稳压泵启泵次数应符合设计要求	全数查验

• 查验设备及工具	• 重要程度
直观检查	B

【学习卡七】水泵控制柜

• 相关规范条文	• 查验方法
《消防给水及消火栓系统技术规范》GB 50974—2014 的 13.2.16 条	直观检查

• 查验要求

(1)控制柜的规格、型号、数量应符合设计要求。

(2)控制柜的图纸塑封后应牢固粘贴于柜门内侧。

(3)控制柜的动作应符合设计要求和《消防给水及消火栓系统技术规范》GB 50974—2014 第 11 章,《消防设施通用规范》GB 55036—2022 第 3.0.11 条、3.0.12 条的有关规定。

(4)控制柜的质量应符合产品标准和《消防给水及消火栓系统技术规范》GB 50974—2014 第 12.2.7 条的要求。

(5)主、备用电源自动切换装置的设置应符合设计要求

• 查验数量要求	• 查验设备及工具	• 重要程度
全数查验	直观查看、卷尺	A

【学习卡八】消防水泵接合器

• 相关规范条文	• 查验方法
《消防给水及消火栓系统技术规范》GB 50974—2014 的 13.2.14 条	使用压力表、流量计和直观检查

• 查验要求

(1)消防水泵接合器数量应符合设计要求;有分区供水时应确定消防车的最大供水高度和接力泵的设置位置的合理性。

(2)消防水泵接合器进水管位置应符合设计要求。

(3)消防水泵接合器应进行充水试验,且供水最不利点的压力、流量应符合设计要求

• 查验数量要求	• 查验设备及工具	• 重要程度
全数查验	直观检查、压力表、流量计	B

【学习卡九】减压阀

• 相关规范条文	• 查验方法
《消防给水及消火栓系统技术规范》GB 50974—2014 的 13.2.8 条	使用压力表、流量计和直观检查

• 查验要求

(1)减压阀的型号、规格、设计压力和设计流量均应符合设计要求。

(2)减压阀阀前应有过滤器,过滤器的过滤面积和孔径应符合设计要求和《消防给水及消火栓系统技术规范》GB 50974—2014 第 8.3.4 条第 2 款的规定。

(3)减压阀阀前、阀后动静压力应符合设计要求。

(4)减压阀处应有试验用压力排水管道。

(5)减压阀在最小流量、设计流量和设计流量的 150%时不应出现噪声明显增加且管道不应出现喘振。

(6)减压阀的水头损失应小于设计阀后静压和动压差

• 查验数量要求	• 查验设备及工具	• 重要程度
全数查验	直观检查、压力表、流量计	(1)A、(2)B、(3)B、(4)B、(5)B、(6)A

【学习卡十】干式消火栓系统报警阀组

• 相关规范条文	• 查验方法
《消防给水及消火栓系统技术规范》GB 50974—2014 的 13.2.11 条	直观检查

• 查验要求

(1)报警阀组的各组件应符合产品标准要求。

(2)打开系统流量压力检测装置放水阀,测试的流量、压力应符合设计要求。

(3)水力警铃的设置位置应正确。测试时,水力警铃喷嘴处压力不应小于 0.05 MPa,且距水力警铃 3 m 远处警铃声强不应小于 70 dB。

(4)打开手动试水阀动作应可靠。

(5)控制阀均应锁定在常开位置。

(6)与空气压缩机或火灾自动报警系统的联锁控制,应符合设计要求

• 查验数量要求	• 查验设备及工具	• 重要程度
全数查验	直观检查、系统流量压力检测装置	B

【学习卡十一】管网

• 相关规范条文	• 查验方法
《消防给水及消火栓系统技术规范》GB 50974—2014 的 13.2.12 条	直观和尺量检查、秒表测量

• 查验要求

(1)管道的材质、管径、接头、连接方式及采取的防腐、防冻措施应符合设计要求,管道标识应符合设计要求。

(2)管网排水坡度及辅助排水设施应符合设计要求。

(3)系统中的试验消火栓、自动排气阀应符合设计要求。

(4)管网不同部位安装的报警阀组、闸阀、止回阀、电磁阀、信号阀、水流指示器、减压孔板、节流管、减压阀、柔性接头、排水管、排气阀、泄压阀等,均应符合设计要求。

(5)干式消火栓系统允许的最大充水时间不应大于 5 min。

(6)干式消火栓系统报警阀后的管道仅应设置消火栓和有信号显示的阀门。

(7)架空管道的立管、配水支管、配水管、配水干管设置的支架,应符合《消防给水及消火栓系统技术规范》GB 50974—2014 第 12.3.19 条~12.3.23 条的规定。

(8)室外埋地管道应符合《消防给水及消火栓系统技术规范》GB 50974—2014 第 12.3.17 条和第 12.3.22 条的规定

• 查验数量要求	• 查验设备及工具	• 重要程度
架空管道设置的支架按实际数量 20%的比例查验,且不应少于 5 处,其他全数查验	直观检查、卷尺、秒表	B

【学习卡十二】消火栓

· 相关规范条文

《消防给水及消火栓系统技术规范》GB 50974—2014 的 13.2.13 条

· 查验方法

对照图纸尺量检查

· 查验要求

(1)消火栓的设置场所、位置、规格、型号应符合设计要求和《消防给水及消火栓系统技术规范》GB 50974—2014 第 7.2.1 条～7.2.7 条、7.2.9 条～7.2.11 条、7.3.1 条～7.3.9 条、7.4.1 条～7.4.2 条、7.4.4 条～7.4.16 条,《消防设施通用规范》GB 55036—2022 第 3.0.3 条、3.0.4(2)条、3.0.5(3)条的有关规定。

(2)消火栓的设置位置应符合设计要求和《消防给水及消火栓系统技术规范》GB 50974—2014 第 7 章的有关规定,并应符合消防救援和火灾扑救工艺的要求。

(3)消火栓的减压装置和活动部件应灵活可靠,栓后压力应符合设计要求

· 查验数量要求

按实际数量 10%的比例查验,且查验总数每个供水分区不应少于 10 个

· 查验设备及工具

直观检查、卷尺

· 重要程度

(1)A、(2)B、(3)B

【学习卡十三】消防给水系统流量、压力

· 相关规范条文

《消防给水及消火栓系统技术规范》GB 50974—2014 的 13.2.15 条

· 查验方法

直观检查

· 查验要求

(1)湿式系统应通过系统流量、压力检测装置进行放水试验,系统流量、压力和消火栓充实水柱等应符合设计要求。

(2)干式系统应通过末端试水装置进行放水试验,系统流量、压力等应符合设计要求

· 查验数量要求

全数查验

· 查验设备及工具

直观检查、尺量、压力表、流量计

· 重要程度

A

【学习卡十四】系统模拟灭火功能

• 相关规范条文

《消防给水及消火栓系统技术规范》GB 50974—2014 的 13.2.17 条

• 查验方法

直观检查

• 查验要求

(1)流量开关、低压压力开关和报警阀压力开关等动作,应能自动启动消防水泵及与其联锁的相关设备,并应有反馈信号显示。

(2)消防水泵启动后,应有反馈信号显示。

(3)干式消火栓系统的干式报警阀的加速排气器动作后,应有反馈信号显示。

(4)其他消防联动控制设备启动后,应有反馈信号显示

• 查验数量要求

全数查验

• 查验设备及工具

直观检查

• 重要程度

(1)A、(2)A、(3)B、(4)B

四、任务分配

进行某建筑消防给水及消火栓系统的查验任务分配。

消防查验任务分工表

查验单位 (班级)				
查验人员	姓名	执业资格或 专业技术资格	职务	任务分工
查验负责人 (组长)				
项目组成员 (组员)				

五、自主探学

根据任务分工,自主填写消防现场查验原始记录表。

消防现场查验原始记录表

<table>
<tr><td>项目名称</td><td colspan="3"></td><td>涉及阶段</td><td colspan="2">□施工实施阶段
□竣工验收阶段</td></tr>
<tr><td>日期</td><td colspan="3"></td><td>查验次数</td><td colspan="2">第　次</td></tr>
<tr><td>序号</td><td>所属分部工程</td><td>查验内容</td><td>查验位置</td><td>现场情况</td><td>问题描述</td><td>备注</td></tr>
<tr><td>1</td><td></td><td></td><td></td><td></td><td></td><td></td></tr>
<tr><td>2</td><td></td><td></td><td></td><td></td><td></td><td></td></tr>
<tr><td>3</td><td></td><td></td><td></td><td></td><td></td><td></td></tr>
<tr><td colspan="7">设备仪器：</td></tr>
</table>

六、合作研学

小组交流，教师指导，填写消防给水及消火栓系统概况及查验数量一览表。

消防给水及消火栓系统概况及查验数量一览表

<table>
<tr><td>消防给水及消火栓
系统概况</td><td colspan="5"></td></tr>
<tr><td>名称</td><td>安装数量</td><td>设置位置</td><td>查验抽样数量要求</td><td>查验抽样数量</td><td>查验位置</td></tr>
<tr><td>消防水泵房</td><td></td><td></td><td>全数查验</td><td></td><td></td></tr>
<tr><td>消防水池</td><td></td><td></td><td>全数查验</td><td></td><td></td></tr>
<tr><td>高位消防水箱</td><td></td><td></td><td>全数查验</td><td></td><td></td></tr>
<tr><td>消防水泵</td><td></td><td></td><td>全数查验</td><td></td><td></td></tr>
<tr><td>稳压泵</td><td></td><td></td><td>全数查验</td><td></td><td></td></tr>
<tr><td>消防水泵接合器</td><td></td><td></td><td>全数查验</td><td></td><td></td></tr>
<tr><td>干式消火栓
系统报警阀组</td><td></td><td></td><td>全数查验</td><td></td><td></td></tr>
<tr><td>水力警铃</td><td></td><td></td><td>全数查验</td><td></td><td></td></tr>
<tr><td>压力开关(干式阀)</td><td></td><td></td><td>全数查验</td><td></td><td></td></tr>
<tr><td>压力开关(管网)</td><td></td><td></td><td>全数查验</td><td></td><td></td></tr>
<tr><td>流量开关</td><td></td><td></td><td>全数查验</td><td></td><td></td></tr>
<tr><td>消火栓</td><td></td><td></td><td>按实际数量10%的比例查验，且每个供水分区查验总数不应少于10个</td><td></td><td></td></tr>
</table>

续表

名称	安装数量	设置位置	查验抽样数量要求	查验抽样数量	查验位置
消火栓按钮（若有）			按实际数量5%的比例查验，但每个报警区域均应查验		
管网			架空管道设置的支架按实际数量20%的比例查验，且不应少于5处，其他全数查验		

七、展示赏学

小组合作完成消防给水及消火栓系统查验情况汇总表的填写，每个小组推荐一名组员分享汇报查验情况和结论。

消防给水设施查验情况汇总表

工程名称								
检查项目名称		GB 50974条款	查验内容		查验结果			
			查验要求	查验方法	查验情况	重要程度	结论	备注
1	消防水源	13.2.4第1款	查看室外给水管网的进水管管径及供水能力	对照设计资料直观检查		A		
		13.2.4第2款	查看天然水源水位、水量、水质、消防车取水高度	对照设计资料直观检查		A		
		13.2.4第3款	天然水源枯水期最低水位时确保消防用水的技术措施	对照设计资料直观检查		A		
		13.2.4第4款	地下水井常水位、最低水位、出水量和水位测量装置	对照设计资料直观检查		A		
2	消防水池	13.2.9第1款	查看设置位置	对照设计资料直观检查		A		
		13.2.9第2款	有效容积	对照设计资料尺量检查		A		
		13.2.9第2款	水位显示及报警装置	对照设计资料直观检查		A		
		13.2.9第3款	进水管、溢流管、排水管设置，溢流管是否间接排水	直观检查		A		

续表

检查项目名称		GB 50974 条款	查验内容		查验结果			
			查验要求	查验方法	查验情况	重要程度	结论	备注
3	高位消防水箱	13.2.9 第1款	查看设置位置	直观检查		A		
		13.2.9 第2款	有效容积、查看补水措施	对照设计资料直观及尺量检查		A		
		13.2.9 第2款	水位显示及报警装置	对照设计资料直观检查		A		
		13.2.9 第3款	进水管、溢流管、排水管设置，溢流管是否间接排水	直观检查		A		
4	消防水泵房	13.2.5 第1款	建筑防火要求	对照图纸直观检查		B		
		13.2.5 第2款	消防水泵房应急照明、安全出口的设置	对照图纸直观检查		B		
		13.2.5 第3款	消防水泵房的采暖通风、排水和防洪等	对照图纸直观检查		B		
		13.2.5 第4款	消防水泵房的设备进出和维修安装空间	对照图纸直观检查		B		
		13.2.5 第5款	消防水泵控制柜的安装位置和防护等级	对照图纸直观检查		B		
5	消防水泵安装	13.2.6 第1款	查看水泵规格、型号和数量	对照设计资料直观检查		B		
		13.2.6 第2款	工作泵、备用泵、吸水管、出水管及出水管上的泄压阀、水锤消除设施、止回阀、信号阀等的规格、型号、数量；吸水管、出水管上的控制阀应锁定在常开位置，有明显标记	直观检查		A		
		13.2.6 第3款	引水方式	直观检查		B		

续表

检查项目名称		GB 50974 条款	查验内容		查验结果			
			查验要求	查验方法	查验情况	重要程度	结论	备注
6	消防水泵性能	13.2.6 第4款	打开每一个末端试水装置、试水阀和试验消火栓,查验水流指示器、压力开关、压力开关(管网)、高位水箱流量开关等信号功能	采用仪器检测		B		
		13.2.6 第5款	主、备电源切换功能	直观检查和采用仪表检测		B		
		13.2.6 第5款	备用电源启动消防水泵时,消防水泵投入正常运行的时间	直观检查和采用仪表检测		B		
		13.2.6 第5款	手动或自动启泵时,消防水泵投入正常运行的时间	直观检查和采用仪表检测		B		
		13.2.6 第5款	消防水泵就地和远程启停功能	直观检查和采用仪表检测		B		
		13.2.6 第6款	消防水泵停泵时,水锤消除设施后的压力	直观检查和采用仪表检测		B		
		13.2.6 第7款	消防水泵启动控制是否置于自动启动挡	直观检查		A		
		13.2.6 第8款	采用固定和移动式流量计和压力表测试消防水泵的性能	直观检查和采用仪表检测		B		
7	稳压泵	13.2.7 第1款	稳压泵的型号性能	直观检查		A		
		13.2.7 第2款	稳压泵的控制,有无防止稳压泵频繁启动的技术措施	直观检查		B		
		13.2.7 第3款	稳压主泵在1 h内的启停次数	直观检查		B		
		13.2.7 第4款	稳压泵供电,自动手动启停功能	直观检查		B		
		13.2.7 第4款	稳压泵主、备电源切换	直观检查		B		
		13.2.7 第5款	气压水罐的有效容积以及调节容积	直观检查		B		

续表

检查项目名称		GB 50974条款	查验内容		查验结果			
			查验要求	查验方法	查验情况	重要程度	结论	备注
8	气压水罐	13.2.10第1款	气压水罐的有效容、调节容积和稳压泵启泵次数	直观检查		B		
9	消防水泵接合器	13.2.14	核对设计数量	对照设计资料直观检查		B		
		13.2.14	查看水泵接合器进水管位置	直观检查		B		
		13.2.14	水泵接合器充水试验，测试系统不利点的压力、流量	使用压力表、流量计和直观检查		B		
10	减压阀	13.2.8第1款	减压阀的型号、规程、设计压力和设计流量	使用压力表、流量计和直观检查		A		
		13.2.8第2款	减压阀前过滤器设置	直观检查		B		
		13.2.8第3款	减压阀阀前、阀后动静压力	使用压力表、流量计和直观检查		B		
		13.2.8第4款	减压阀处试验用压力排水管道	使用压力表、流量计和直观检查		B		
		13.2.8第5款	减压阀在最小流量、设计流量和设置流量的150%时噪声有无明显增加或管道出现喘振	使用压力表、流量计和直观检查		B		
		13.2.8第6款	减压阀的水头损失	使用压力表、流量计和直观检查		A		
11	干式消火栓系统报警阀组	13.2.11第1款	查看设置位置及组件	直观检查		B		
		13.2.11第2款	打开系统流量压力检测装置放水阀，测试流量和压力	直观检查和采用仪表检测		B		
		13.2.11第3款	水力警铃设置位置	直观检查		B		
		13.2.11第3款	实测水力警铃喷嘴压力及警铃声强	直观检查和采用仪表检测		B		
		13.2.11第5款	控制阀锁定位置	直观检查		B		
		13.2.11第6款	空气压缩机或火灾自动报警系统联动控制	直观检查和采用仪表检测		B		

续表

检查项目名称		GB 50974 条款	查验内容		查验结果			
			查验要求	查验方法	查验情况	重要程度	结论	备注
12	管网	13.2.12 第1款	查看管道的材质、管径、接头、连接方式及采用的防腐、防冻措施和管道标识	直观和尺量检查		B		
		13.2.12 第2款	管网排水坡度及辅助排水设施	直观检查		B		
		13.2.12 第3款	试验消火栓、自动排气阀设置	直观检查		B		
		13.2.12 第4款	报警阀组、闸阀、止回阀、电磁阀、信号阀、水流指示器、减压孔板、节流管、减压阀、柔性接头、排水管、排气阀、泄压阀等设置	直观和尺量检查		B		
		13.2.12 第5款	测试干式系统充水时间	秒表测量		B		
		13.2.12 第6款	干式消火栓系统报警阀后的管道仅应设置消火栓和有信号显示的阀门	直观和尺量检查		B		
		13.2.12 第7款	架空管道的立管、配水支管、配水管、配水干管设置的支架	直观和尺量检查		B		
		13.2.12 第8款	室外埋地管道	直观和尺量检查		B		
13	消火栓	13.2.13 第1款	消火栓的设置场所、位置、规格、型号	对照图纸尺量检查		A		
		13.2.13 第3款	消火栓设置位置	对照图纸尺量检查		B		
		13.2.13 第4款	消火栓的减压装置和活动部件灵活可靠性;栓后压力值	对照图纸尺量检查、仪表检测		B		
14	消防给水系统流量、压力	13.2.15	通过系统流量、压力检测装置进行放水试验,室外消火栓测试系统流量、压力;系统流量、压力和消火栓充实水柱	使用压力表、流量计和直观检查		A		
		13.2.15	通过末端试水装置进行放水试验,测试系统流量、压力和消火栓充实水柱	使用压力表、流量计和直观检查		A		

续表

检查项目名称		GB 50974条款	查验内容		查验结果			
			查验要求	查验方法	查验情况	重要程度	结论	备注
15	水泵控制柜	13.2.16第1款	控制柜的规格、型号、数量	对照图纸尺量检查		A		
		13.2.16第2款	控制柜的图纸塑封后应牢固粘贴于柜门内侧	直观检查		A		
		13.2.16第3款	控制柜的动作	直观检查		A		
		13.2.16第4款	控制柜的质量	直观检查		A		
		13.2.16第5款	主、备电源自动切断装置的设置	直观检查		A		
16	系统模拟灭火功能	13.2.17第2款	流量开关、低压压力开关和报警阀压力开关动作，自动启动消防水泵及与其联锁的相关设备及信号反馈	直观检查		A		
		13.2.17第3款	消防水泵启动信号反馈	直观检查		A		
		13.2.17第4款	干式消火栓系统的干式报警阀的加速排气器动作及信号反馈	直观检查		B		
		13.2.17第5款	其他消防联动控制设备启动及信号反馈情况	直观检查		B		
查验结论			□ 合格		□ 不合格			

任务二　自动喷水灭火系统查验

一、任务描述

自动喷水灭火系统是由湿式报警阀组、闭式喷头、水流指示器、控制阀门、末端试水装置、管道和供水设施等组成的、并能在发生火灾时喷水的自动灭火系统。系统的管道内充满有压水,一旦发生火灾,喷头动作后立即喷水。自动喷水灭火系统是当今世界上公认的最为有效的自动灭火设施之一,是应用最广泛、用量最大的自动灭火系统。国内外应用实践证明,该系统具有安全可靠、经济实用、灭火成功率高等优点。因此,自动喷水灭火系统是消防查验工作的重中之重。

本任务旨在让学习者了解自动喷水灭火系统的基本要求和检查方法,掌握如何对建设工程的自动喷水灭火系统进行有效的查验。

二、任务目标

(一)知识目标

(1)理解自动喷水灭火系统的相关规范与标准,掌握自动喷水灭火系统的基本要求。

(2)掌握自动喷水灭火系统各个组件的类型、设置要求、工作原理和安装要求。

(3)掌握自动喷水灭火系统的检查方法、检查内容和检查标准。

(二)能力目标

(1)能够分析建设工程自动喷水灭火系统的设计方案和施工图纸,判断其是否符合消防安全要求。

(2)能够检查建设工程自动喷水灭火系统的现场情况,发现并记录存在的问题和缺陷。

(3)能够测试建设工程自动喷水灭火系统的性能和联动,评价是否达到设计要求。

(4)能够提出建设工程自动喷水灭火系统的整改建议和措施,编制建设工程消防查验报告。

(三)素质目标

(1)培养敢于创造、锐意进取的创新精神。

(2)树立积极探索的工作作风。

三、相关知识链接

【学习卡一】报警阀组

• 相关规范条文

《自动喷水灭火系统施工及验收规范》GB 50261—2017 的 8.0.7 条

• 查验数量要求

全数查验

• 查验方法

(1)观察检查。

(2)使用流量计、压力表检查。

(3)打开阀门放水,使用压力表、声级计和尺量检查。

(4)观察检查。

(5)打开末端试(放)水装置阀门放水,使用压力表、秒表检查。

(6)打开末端试(放)水装置阀门放水,使用压力表、秒表检查

• 查验要求

(1)报警阀组的各组件应符合产品标准要求。

(2)打开系统流量压力检测装置放水阀,测试的流量、压力应符合设计要求。

(3)水力警铃的设置位置应正确。测试时,水力警铃喷嘴处压力不应小于 0.05 MPa,且距水力警铃 3 m 远处警铃声强不应小于 70 dB。

(4)打开手动试水阀或电磁阀时,雨淋阀组动作应可靠。

(5)空气压缩机或火灾自动报警系统的联动控制,应符合设计要求。

(6)打开末端试(放)水装置,当流量达到报警阀动作流量时,湿式报警阀和压力开关应及时动作,带延迟器的报警阀应在 90 s 内压力开关动作,不带延迟器的报警阀应在 15 s 内压力开关动作。

(7)雨淋报警阀动作后 15 s 内压力开关动作

• 查验设备及工具

直观检查、压力表、声级计和卷尺

• 重要程度

(1)B、(2)B、(3)B、(4)B、(5)B、(6)A、(7)A

【学习卡二】管网

• 相关规范条文

《自动喷水灭火系统施工及验收规范》GB 50261—2017 的 8.0.8 条

• 查验方法

(1)直观查看。

(2)对照图纸观察检查。

(3)通水试验,用秒表检查

• 查验要求

(1)管道的材质、管径、接头、连接方式及采取的防腐、防冻措施,应符合设计规范及设计要求。

(2)管网不同部位安装的报警阀组、闸阀、止回阀、电磁阀、信号阀、水流指示器、减压孔板、节流管、减压阀、柔性接头、排水管、排气阀、泄压阀等,均应符合设计要求。

(3)干式系统、由火灾自动报警系统和充气管道上设置的压力开关开启预作用装置的预作用系统,其配水管道充水时间不宜大于 1 min;雨淋系统和仅由水灾自动报警系统联动开启预作用装置的预作用系统,其配水管道充水时间不宜大于 2 min

• 查验数量要求

全数查验

• 查验设备及工具

直观检查、秒表

• 重要程度

(1)A、(2)B、(3)B

【学习卡三】喷头

• 相关规范条文

《自动喷水灭火系统施工及验收规范》GB 50261—2017 的 8.0.9 条

• 查验方法

对照图纸尺量检查

• 查验要求

(1)喷头设置场所、规格、型号、公称动作温度、响应时间指数(RTI)应符合设计要求。

(2)喷头安装间距,喷头与楼板、墙、梁等障碍物的距离应符合设计要求

• 查验数量要求

(1)查验10%,且不少于40个。

(2)查验5%,且不少于20个

• 查验设备及工具

卷尺

• 重要程度

(1)A、(2)B

【学习卡四】系统流量、压力

• 相关规范条文

《自动喷水灭火系统施工及验收规范》GB 50261—2017的8.0.11条

• 查验要求

应通过系统流量压力检测装置进行放水试验,系统流量、压力应符合设计要求

• 查验方法

观察检查

• 查验数量要求

全数查验

• 查验设备及工具

观察检查

• 重要程度

A

【学习卡五】系统模拟灭火功能试验

• 相关规范条文

《自动喷水灭火系统施工及验收规范》GB 50261—2017的8.0.12条

• 查验方法

观察检查

• 查验要求

(1)报警阀动作,水力警铃应鸣响。

(2)水流指示器动作,应有反馈信号显示。

(3)压力开关动作,应启动消防水泵及与其联动的相关设备,并应有反馈信号显示。

(4)电磁阀打开,雨淋阀应开启,并应有反馈信号显示。

(5)消防水泵启动后,应有反馈信号显示。

(6)加速器动作后,应有反馈信号显示。

(7)其他消防联动控制设备启动后,应有反馈信号显示

• 查验数量要求	• 查验设备及工具	• 重要程度
全数查验	观察检查	(1) B、(2) B、(3) A、(4)A、(5)B、(6)B、(7)B

四、任务分配

进行某建筑自动喷水灭火系统的消防查验的任务分配。

消防查验任务分工表

查验单位（班级）				
查验人员	姓名	执业资格或专业技术资格	职务	任务分工
查验负责人（组长）				
项目组成员（组员）				

五、自主探学

根据任务分工，自主填写消防现场查验原始记录表。

消防现场查验原始记录表

项目名称				涉及阶段	□施工实施阶段 □竣工验收阶段	
日期				查验次数	第　次	
序号	所属分部工程	查验内容	查验位置	现场情况	问题描述	备注
1						
2						
3						
设备仪器：						

六、合作研学

小组交流，教师指导，填写自动喷水灭火系统概况及查验数量一览表。

自动喷水灭火系统概况及查验数量一览表

自动喷水灭火系统概况					
名称	安装数量	设置位置	查验抽样数量要求	查验抽样数量	查验位置
消防水泵房			全数查验		
消防水池			全数查验		
高位消防水箱			全数查验		
消防水泵			全数查验		
稳压装置			全数查验		
水泵接合器			全数查验		
湿式报警阀			全数查验		
预作用报警阀			全数查验		
雨淋阀组			全数查验		
干式报警阀组			全数查验		
水力警铃			全数查验		
水流指示器			查验 30%,且不少于 5 个		
信号阀			查验 30%,且不少于 5 个		
末端试水装置			全数查验		
试水装置			查验 30%,且不少于 5 个		
喷头			(1)查验 10%,且不少于 40 个。 (2)查验 5%,且不少于 20 个		

七、展示赏学

小组合作完成自动喷水灭火系统查验情况汇总表的填写,每个小组推荐一名组员分享汇报查验情况和结论。

自动喷水灭火系统查验情况汇总表

工程名称								
序号	查验项目名称	GB 50261 条款	查验内容		查验结果			
			查验要求	查验方法	查验情况	重要程度	结论	备注
1	报警阀组	8.0.7 第 1 款	查看设置位置及组件	观察检查		B		
		8.0.7 第 2 款	测试流量和压力	使用流量计、压力表观察检查		B		

续表

序号	查验项目名称	GB 50261 条款	查验内容		查验结果			
			查验要求	查验方法	查验情况	重要程度	结论	备注
1	报警阀组	8.0.7 第3款	水力警铃设置位置	观察和尺量检查		B		
		8.0.7 第3款	实测水力警铃喷嘴压力及警铃声强	使用压力表、声级计和尺量检查		B		
		8.0.7 第4款	打开手动试水阀或电磁阀时，雨淋阀动作	观察检查		B		
		8.0.7 第6款	空气压缩机或火灾自动报警系统联动控制	观察检查		B		
		8.0.7 第7款	打开末端试(放)水装置，报警阀组动作后，压力开关动作时间	使用压力表、秒表检查		A		
		8.0.7 第7款	打开末端试(放)水装置，雨淋报警阀动作后，压力开关动作的时间	使用压力表、秒表检查		A		
2	管网	8.0.8 第1款	查看管道的材质、管径、接头、连接方式及防腐、防冻措施	尺量检查		A		
		8.0.8 第4款	报警阀组、闸阀、止回阀、电磁阀、信号阀、水流指示器、减压孔板、节流管、减压阀、柔性接头、排水管、排气阀、泄压阀等设置	对照图纸观察检查		B		
		8.0.8 第5款	测试干式系统充水时间	通水试验，用秒表检查		B		
		8.0.8 第5款	测试由火灾自动报警系统和充气管道上压力开关开启的预作用系统充水时间	通水试验，用秒表检查		B		
		8.0.8 第5款	测试由火灾自动报警系统联动开启的预作用系统充水时间	通水试验，用秒表检查		B		
		8.0.8 第5款	测试雨淋系统充水时间	通水试验，用秒表检查		B		

续表

序号	查验项目名称	GB 50261 条款	查验内容		查验结果			
			查验要求	查验方法	查验情况	重要程度	结论	备注
3	喷头	8.0.9 第1款	喷头设置场所、规格、型号、公称动作温度、响应时间指数	对照图纸尺量检查		A		
		8.0.9 第2款	喷头安装间距	对照图纸尺量检查		B		
		8.0.9 第2款	喷头与楼板、墙、梁等障碍物的距离	对照图纸尺量检查		B		
4	系统流量、压力	8.0.11	通过系统流量压力检测装置进行放水试验，测试系统流量、压力	观察检查、使用压力表测量		A		
5	系统模拟灭火功能试验	8.0.12 第3款	压力开关动作，联动启动消防水泵和与其联动的相关设备及信号反馈	观察检查		A		
		8.0.12 第4款	电磁阀打开，雨淋阀开启及信号反馈	观察检查		A		
		8.0.12 第5款	消防水泵启动及信号反馈	观察检查		B		
		8.0.12 第6款	加速器动作及信号反馈	观察检查		B		
		8.0.12 第7款	其他消防联动控制设备启动及信号反馈	观察检查		B		
查验结论			□ 合格		□ 不合格			

任务三　自动跟踪定位射流灭火系统查验

一、任务描述

自动跟踪定位射流灭火装置是一种利用水力推动喷头布水腔体旋转喷水灭火的新型喷水灭火喷头，适用高度范围广，不仅适用于大空间智能主动型喷水灭火系统，3.5 m 及以上安装高度的布水性能均符合技术指标要求，而且适用低至3.5 m的无间隔大空间场所，具有水力旋转布水、喷洒均匀、灭火效果好、喷洒灭火面积大、工作压力低、工作强度小、体积小、重量轻、安装方便等特点。

自动跟踪定位射流灭火系统是保证建设工程消防安全的重要组成部分，也是消防查验的重点内容之一。本任务旨在让学习者了解自动跟踪定位射流灭火系统的基本要求和检查方法，掌握如何对建设工程的自动跟踪定位射流灭火系统进行有效的查验。

二、任务目标

(一)知识目标

(1)理解自动跟踪定位射流灭火系统的相关规范与标准，掌握自动跟踪定位射流灭火系统的基本要求。

(2)掌握自动跟踪定位射流灭火系统各组件的类型、设置要求、工作原理和安装要求。

(3)掌握自动跟踪定位射流灭火系统的检查方法、检查内容和检查标准。

(二)能力目标

(1)能够分析建设工程的自动跟踪定位射流灭火系统的设计方案和施工图纸，判断其是否符合消防安全要求。

(2)能够检查建设工程的自动跟踪定位射流灭火系统的现场情况，发现并记录存在的问题和缺陷。

(3)能够测试建设工程的自动跟踪定位射流灭火系统的性能和联动，评价其是否达到设计要求。

(4)能够提出建设工程的自动跟踪定位射流灭火系统的整改建议和措施，编制建设工程消防查验报告。

(三)素质目标

(1)坚定道路自信；增强专业自豪感。

(2)树立科技创新意识；具备开拓进取、积极探索的创新思维。

三、相关知识链接

【学习卡一】系统施工质量

•相关规范条文	•查验方法
《自动跟踪定位射流灭火系统技术标准》GB 51427—2021的6.0.4条	观察、测量及试验检查，结果应符合设计要求

·查验要求

(1)系统组件及配件的规格、型号、数量、安装位置及安装质量。

(2)管道及附件的材质、管径、连接方式、管道标识、安装位置及安装质量。

(3)固定管道的支、吊架和管墩的位置、间距及牢固程度。

(4)管道穿楼板、防火墙及变形缝的处理。

(5)管道和设备的防腐、防冻措施。

(6)消防水泵及消防水泵房、水源、高位消防水箱、气压稳压装置及消防水泵接合器的数量、位置及安装质量。

(7)电源、备用动力、电气设备及布线的安装质量

·查验数量要求	·查验设备及工具	·重要程度
全数查验	观察、测量及试验检查	A

【学习卡二】系统启动功能

·相关规范条文

《自动跟踪定位射流灭火系统技术标准》GB 51427—2021 的 6.0.5 条

·查验要求

(1)系统手动控制启动功能应正常。

(2)消防水泵和气压稳压装置的启动功能应正常。

(3)主电源、备用电源的切换功能应正常。

(4)模拟末端试水装置的系统启动功能应正常

·查验方法

(1)使系统电源处于接通状态,系统控制主机、现场控制箱处于手动控制状态,消防水泵控制柜处于自动状态。分别通过系统控制主机和现场控制箱,手动操作消防水泵远程启动,消防水泵的动作及反馈信号应正常,消防水泵远程启动后应在水泵控制柜上手动停止;逐个手动操作每台自动控制阀的开启、关闭,自动控制阀的启、闭动作及反馈信号应正常;逐个手动操作每台灭火装置(自动消防炮和喷射型自动射流灭火装置)俯仰和水平回转,灭火装置的动作及反馈信号应正常,且在设计规定的回转范围内与周围构件应无触碰;对具有直流-喷雾转换功能的灭火装置,逐个手动操作检,验其直流-喷雾动作功能应正常。

(2)①以自动或手动方式启动消防水泵时,消防水泵应在 55 s 内投入正常运行。②以备用电源切换方式或备用泵切换启动消防水泵时,消防水泵应在 1 min 内投入正常运行。③当管网压力达到稳压泵设计启泵压力时,稳压泵应立即启动;当管网压力达到稳压泵设计停泵压力时,稳压泵应自动停止运行;人为设置主稳压泵故障,备用稳压泵应立即启动;当消防水泵启动时,稳压泵应停止运行。

(3)使系统主电源、备用电源处于正常状态。在系统处于手动控制状态下,以手动的方式进行主电源、备用电源切换试验,结果应正常;在系统处于自动控制状态下,在主电源上设置一个故障,备用电源应能自动投入运行,在备用电源上设置一个故障,主电源应能自动投入运行。手动切换试验和自动切换试验应各进行 1～2 次。

(4)使系统处于自动控制状态,在模拟末端试水装置探测范围内,放置油盘试验火,系统应能在规定时间内自动完成火灾探测、火灾报警、启动消防水泵、打开该模拟末端试水装置的自动控制阀等动作。打开手动试水阀,观察、检查模拟末端试水装置出水的压力和流量,其结果应符合设计要求

• 查验数量要求

全数查验

• 查验设备及工具

观察和测量及试验检查、秒表

• 重要程度

A

【学习卡三】系统自动跟踪定位射流灭火功能

• 相关规范条文

《自动跟踪定位射流灭火系统技术标准》GB 51427—2021 的 6.0.6 条

• 查验要求

系统自动跟踪定位射流灭火功能验收应符合设计要求

• 查验方法

使系统处于自动控制状态，在该保护区内的任意位置上，放置 1A 级别火试模型，在火试模型预燃阶段使系统处于非跟踪定位状态。预燃结束，恢复系统的跟踪定位状态进行自动定位射流灭火。系统从自动射流开始，自动消防炮灭火系统、喷射型自动射流灭火系统应在 5 min 内扑灭 1A 级别火灾，喷洒型自动射流灭火系统应在 10 min 内扑灭 1A 级别火灾。系统灭火完成后，应自动关闭自动控制阀，并人工手动停止消防水泵。火试模型、试验条件、试验步骤等应符合现行国家标准《手提式灭火器 第 1 部分：性能和结构要求》GB 4351.1—2005 的规定

• 查验数量要求

每个保护区的试验不少于 1 次

• 查验设备及工具

观察、测量及试验检查、秒表

• 重要程度

A

【学习卡四】联动控制功能

• 相关规范条文

《自动跟踪定位射流灭火系统技术标准》GB 51427—2021 的 6.0.7 条

• 查验要求

联动控制功能验收应符合设计要求

• 查验方法

在系统自动跟踪定位射流灭火试验中，当系统确认火灾后，声、光警报器应动作，火灾现场视频实时监控和记录应启动；系统动作后，控制主机上消防水泵、水流指示器、自动控制阀等的状态显示应正常；系统的火灾报警信息应传送给火灾自动报警系统，并应按设计要求完成有关消防联动功能

• 查验数量要求

全数查验

• 查验设备及工具

观察检查

• 重要程度

A

四、任务分配

进行某建筑自动跟踪定位射流灭火系统的消防查验的任务分配。

消防查验任务分工表

查验单位（班级）				
查验人员	姓名	执业资格或专业技术资格	职务	任务分工
查验负责人（组长）				
项目组成员（组员）				

五、自主探学

根据任务分工，自主填写消防现场查验原始记录表。

消防现场查验原始记录表

项目名称				涉及阶段	□施工实施阶段 □竣工验收阶段	
日期				查验次数	第　次	
序号	所属分部工程	查验内容	查验位置	现场情况	问题描述	备注
1						
2						
3						
设备仪器：						

六、合作研学

小组交流，教师指导，填写自动跟踪定位射流灭火系统概况及查验数量一览表。

自动跟踪定位射流灭火系统概况及查验数量一览表

自动跟踪定位射流灭火系统概况					
名称	安装数量	设置位置	查验抽样数量要求	查验抽样数量	查验位置
消防水泵房			全数查验		

续表

名称	安装数量	设置位置	查验抽样数量要求	查验抽样数量	查验位置
消防水池			全数查验		
消防水箱			全数查验		
消防水泵			全数查验		
稳压装置			全数查验		
水泵接合器			全数查验		
电磁阀			全数查验		
水流指示器			全数查验		
信号阀			全数查验		
模拟末端试水装置			全数查验		
现场手动操作盘			全数查验		
大空间灭火装置			全数查验		
自动消防炮			全数查验		
自动消防泡沫炮			全数查验		

七、展示赏学

小组合作完成自动跟踪定位射流灭火系统查验情况汇总表的填写，每个小组推荐一名组员分享汇报查验情况和结论。

自动跟踪定位射流灭火系统查验情况汇总表

工程名称								
序号	查验项目名称	相关规范条款	查验内容		查验结果			
			查验要求	查验方法	查验情况	重要程度	结论	备注
1	消防水池、消防水箱	CECS 263的17.2.1	查看设置位置、设计高度、水质应符合设计要求	对照设计资料直观检查		A		
			容量应符合设计要求	直观检查和尺量检查		A		
			补水设施应符合设计要求	对照设计资料直观检查		A		
			水位显示及报警装置应符合设计要求	对照设计资料直观检查		A		
			应采取保证消防储水不作他用的技术措施	对照设计资料直观检查		A		

续表

序号	查验项目名称	相关规范条款	查验内容		查验结果			
			查验要求	查验方法	查验情况	重要程度	结论	备注
2	供水水源	CECS 263 的 17.2.2	室外给水管网的进水管管径及供水能力应符合设计要求	对照设计资料直观检查		A		
			水量、水质等应符合设计要求	对照设计资料直观检查		A		
			水压应符合设计要求	采用测压装置测试压力		A		
3	系统流量、压力	CECS 263 的 17.3.1	系统流量、压力应符合设计要求	采用流量、压力检测装置进行放水试验		A		
4	消防水泵房	CECS 263 的 17.4.1	消防泵房的建筑防火要求应符合相应建筑设计防火规范的规定	对照图纸观察检查		B		
		CECS 263 的 17.4.2	消防泵房设置的应急照明、安全出口应符合设计要求	对照图纸观察检查		B		
		CECS 263 的 17.4.3	备用电源、自动切换装置的设置应符合设计要求	对照图纸观察检查		B		
		CECS 263 的 17.4.4	消防水泵的电机驱动电源应采用消防电源	对照图纸观察检查		B		
5	水泵接合器	CECS 263 的 17.5.1	消防水泵接合器数量及进水管位置应符合设计要求	对照图纸观察检查		B		
		CECS 263 的 17.5.2	消防水泵接合器应进行充水试验，且系统最不利点的压力、流量应符合设计要求	进行充水试验，用测压装置和流量计分别测试压力、流量		B		
6	消防水泵	CECS 263 的 17.6.1	水泵规格、型号和数量应符合设计要求	对照图纸观察检查		B		
		CECS 263 的 17.6.1	吸水管、出水管上的阀门、仪表的规格、型号、数量应符合设计要求；吸水管、出水管上的控制阀应锁定在常开位置，并应有明显标记	对照图纸观察检查		B		

续表

序号	查验项目名称	相关规范条款	查验内容		查验结果			
			查验要求	查验方法	查验情况	重要程度	结论	备注
6	消防水泵	CECS 263的17.6.2	消防水泵应采用自灌式引水或其他可靠的引水措施	对照图纸观察检查		B		
		CECS 263的17.6.3	自动状态下，在系统的每一个末端试水装置处模拟火灾发生，消防水泵应自动启动；水流指示器等信号装置的功能均应符合设计要求	开启末端试水，直观检查		B		
		CECS 263的17.6.4	手动状态下，打开消防水泵出水管上试水阀，按下启动开关，当采用主电源启动消防水泵时，消防水泵应启动正常	手动操作，直观检查		A		
		CECS 263的17.6.4	关掉主电源，主、备用电源应能正常切换	手动操作，直观检查		A		
		CECS 263的17.6.5	消防水泵停泵时，水锤消除设施后的压力不应超过水泵出口额定压力的1.3～1.5倍	直观检查		B		
		CECS 263的17.6.6	对消防气压给水设备，当系统气压下降到设计最低压力时，通过压力变化信号应启动稳压泵	直观检查		B		
		CECS 263的17.6.8	消防水泵出水管上应安装试验用的放水阀及排水管	直观检查		B		
7	管网	CECS 263的17.7.1	管道的材质、管径、接头、连接方式及采取的防腐、防冻措施，应符合国家现行有关标准及设计要求	对照图纸观察检查		B		
		CECS 263的17.7.4	管网不同部位安装的闸阀、止回阀、电磁阀、信号阀、水流指示器、减压孔板、节流管、减压阀、柔性接头、排水管、排气阀、泄压阀等均应符合设计要求	对照图纸观察检查		B		
		CECS 263的17.7.6	配水干管、配水管、配水支管、短立管设置的支架、吊架、防晃支架应符合本规程规定	对照图纸观察检查		B		

续表

序号	查验项目名称	相关规范条款	查验内容		查验结果			
			查验要求	查验方法	查验情况	重要程度	结论	备注
8	模拟末端试水装置	CECS 263的17.8.1	系统中模拟末端试水装置的设置部位应符合本规程的设计要求	对照图纸观察检查		B		
		CECS 263的17.8.2	系统中的所有模拟末端试水装置均应作下列功能或参数的检验并应符合设计要求。 (1)模拟末端试水装置的模拟火灾探测功能。 (2)报警、联动控制信号传输与控制功能。 (3)流量、压力参数。 (4)排水功能。 (5)手动与自动相互转换功能	模拟测试,直观检查		A		
9	大空间灭火装置	CECS 263的17.9.1	大空间灭火装置的规格、型号应符合设计要求	对照图纸观察检查		B		
		CECS 263的17.9.1	大空间灭火装置安装间距应符合设计要求	对照图纸观察检查		A		
		CECS 263的17.9.2	大空间灭火装置应进行模拟灭火功能试验,且应符合下列要求。 (1)参数测量应在模拟火源稳定后进行。 (2)喷射和扫射水面应覆盖火源。 (3)水流指示器动作,消防控制中心有信号显示。 (4)消防水泵启动,消防控制中心有信号显示。 (5)其他消防联动控制设备投入运行。 (6)智能灭火装置控制器有信号显示	模拟测试,直观检查		A		

续表

序号	查验项目名称	相关规范条款	查验内容		查验结果			
			查验要求	查验方法	查验情况	重要程度	结论	备注
10	火灾探测器	CECS 245 的 10.0.5 第 2 款	光截面探测器的收发光路上不应有阻挡物	用减光片检查		A		
		CECS 245 的 10.0.5 第 2 款	红外光束感烟探测器的收发光路上不应有阻挡物	用减光片检查		A		
		CECS 245 的 10.0.5 第 3 款	双波段探测器的保护范围内不应有阻挡物	用试验火源检查		A		
		CECS 245 的 10.0.5 第 3 款	火焰探测器的保护范围内不应有阻挡物	用试验火源检查		A		
11	报警阀组	CECS 245 的 10.0.6	报警阀组的各组件应符合产品标准要求	对照图纸观察检查		B		
			打开系统流量压力检测装置放水阀，测试的流量、压力应符合设计要求	使用流量计、压力表观察检查		B		
			水力警铃的设置位置应正确。测试时，水力警铃喷嘴处压力不应小于 0.05 MPa，且距水力警铃 3 m 远处警铃声强不应小于 70 dB	打开阀门放水，使用压力表、声级计和尺量检查		B		
			打开手动试水阀或电磁阀时，雨淋阀组动作应可靠	观察检查		B		
		CECS 245 的 10.0.6	控制阀均应锁定在常开位置	观察检查		A		
			空气压缩机或火灾自动报警系统的联动控制，应符合设计要求	观察检查		B		
			打开末端试(放)水装置，当流量达到报警阀动作流量时，湿式报警阀和压力开关应及时动作，带延迟器的报警阀应在 90 s 内压力开关动作，不带延迟器的报警阀应在 15 s 内压力开关动作；雨淋报警阀动作后 15 s 内压力开关动作	开启末端试水，观察和秒表测试		A		

续表

序号	查验项目名称	相关规范条款	查验内容		查验结果			
			查验要求	查验方法	查验情况	重要程度	结论	备注
12	自动消防炮	CECS 245 的 10.0.7 第 2 款	消防炮安装牢固,消防炮的喷射水流不应受到阻挡	操作控制盘按钮,目测消防炮的运动		A		
		CECS 245 的 10.0.7 第 3 款	消防炮水平方向、垂直方向的旋转不应受到阻碍	操作控制盘按钮,目测消防炮的运动		A		
		CECS 245 的 10.0.7 第 5 款	消防炮的射程不应小于设计射程	操作控制盘按钮,目测消防炮的运动、测量射程		A		
		CECS 245 的 10.0.7 第 6 款	消防炮的出水流量不小于设计流量	操作控制盘按钮,目测消防炮的运动、测量出水流量		A		
		CECS 245 的 10.0.7 第 7 款	控制室手动控制盘和现场手动控制盘控制消防炮应运动自如、灵活可靠、动作准确	操作控制盘按钮,目测消防炮的运动		A		
		CECS 245 的 10.0.7 第 8 款	定位器显示的图像清晰、稳定	操作控制盘按钮,目测消防炮的运动		A		
查验结论			□ 合格	□ 不合格				

任务四　细水雾灭火系统查验

一、任务描述

细水雾灭火系统是由一个或多个细水雾喷头、供水管网、加压供水设备及相关控制装置等组成的、能在发生火灾时向保护对象或空间喷放细水雾并产生扑灭、抑制或控制火灾效果的自动系统,具有安全环保、高效灭火、水渍损失小、可靠性高等特点。细水雾自动灭火系统作为一种新的技术,显示出了非常优越的特点,从而引起了国际消防界的广泛重视。

细水雾灭火系统是保证建设工程消防安全的重要组成部分，也是消防查验的重点内容之一。本任务旨在让学习者了解细水雾灭火系统的基本要求和检查方法，掌握如何对建设工程的细水雾灭火系统进行有效的查验。

二、任务目标

（一）知识目标

（1）理解细水雾灭火系统的相关规范与标准，掌握细水雾灭火系统的基本要求。

（2）掌握细水雾灭火系统各组件的类型、设置要求、工作原理和安装要求。

（3）掌握细水雾灭火系统的检查方法、检查内容和检查标准。

（二）能力目标

（1）能够分析建设工程细水雾灭火系统的设计方案和施工图纸，判断是否符合消防安全要求。

（2）能够检查建设工程细水雾灭火系统的现场情况，发现并记录存在的问题和缺陷。

（3）能够测试建设工程细水雾灭火系统的性能和联动，评价其是否达到设计要求。

（4）能够提出建设工程的细水雾灭火系统的整改建议和措施，编制建设工程消防查验报告。

（三）素质目标

（1）培养精益求精的工匠精神。

（2）树立降本增效的职业理念。

三、相关知识链接

【学习卡一】泵组系统水源

• 相关规范条文		• 查验方法
《细水雾灭火系统技术规范》GB 50898—2013 的 5.0.3 条		对照设计资料，采用流速计、直尺等测量和直观检查；水质取样检查
• 查验要求		
（1）进（补）水管管径及供水能力、储水箱的容量均应符合设计要求。 （2）水质应符合设计规定的标准。 （3）过滤器的设置应符合设计要求		
• 查验数量要求	• 查验设备及工具	• 重要程度
全数查验	流速计、直尺和直观检查	A

【学习卡二】泵组

· 相关规范条文

《细水雾灭火系统技术规范》GB 50898—2013 的 5.0.4 条

· 查验数量要求

全数查验

· 查验设备及工具

压力表、流量计、秒表和直观检查

· 重要程度

(1)B、(2)B、(3)B、(4)A、(5)B、(6)A、(7)B

· 查验方法

(1)对照设计资料和产品说明书直观检查。

(2)直观检查。

(3)自动开启水泵出水管上的泄放试验阀,使用压力表、流量计等直观检查。

(4)打开水泵出水管上的泄放试验阀,利用主电源向泵组供电;关掉主电源检查主、备用电源的切换情况,用秒表等直观检查。

(5)使用压力表直观检查。

(6)自动启动检查,对于开式系统,采用模拟火灾信号启动泵组;对于闭式系统,开启末端试水阀启动泵组,直观检查。手动启动检查,按下水泵控制柜的按钮,直观检查。

(7)直观检查

· 查验要求

(1)工作泵、备用泵、吸水管、出水管、出水管上的安全阀、止回阀、信号阀等的规格、型号、数量应符合设计要求;吸水管、出水管上的检修阀应锁定在常开位置,并应有明显标记。

(2)水泵的引水方式应符合设计要求。

(3)水泵的压力和流量应满足设计要求。

(4)泵组在主电源下应能在规定时间内正常启动。

(5)当系统管网中的水压下降到设计最低压力时,稳压泵应能自动启动。

(6)泵组应能自动启动和手动启动。

(7)控制柜的规格、型号、数量应符合设计要求;控制柜的图纸塑封后应牢固粘贴于柜门内侧

【学习卡三】储气瓶组和储水瓶组

· 相关规范条文

《细水雾灭火系统技术规范》GB 50898—2013 的 5.0.5 条

· 查验方法

称重、用液位计或压力计测量

· 查验要求

储水容器内水的充装量和储气容器内氮气或压缩空气的储存压力应符合设计要求

· 查验数量要求

称重查验按 20% 比例查验;储存压力查验全数查验

· 查验设备及工具

直观检查、液位计或压力计

· 重要程度

B

【学习卡四】控制阀

• 相关规范条文

《细水雾灭火系统技术规范》GB 50898—2013 的 5.0.6 条

• 查验数量要求

全数查验

• 查验设备及工具

直观检查

• 重要程度

(1)B、(2)B、(3)A

• 查验方法

(1)直观检查。

(2)手动和电动启动分区控制阀，直观检查阀门启闭反馈情况。

(3)将处于常开位置的分区控制阀手动关闭，直观检查

• 查验要求

(1)控制阀的型号、规格、安装位置、固定方式和启闭标识等，应符合设计要求和《细水雾灭火系统技术规范》GB 50898—2013 第 4.3.6 条的规定。

(2)开式系统分区控制阀组应能采用手动和自动方式可靠动作。

(3)闭式系统分区控制阀组应能采用手动方式可靠动作

【学习卡五】管网

• 相关规范条文

《细水雾灭火系统技术规范》GB 50898—2013 的 5.0.7 条

• 查验方法

(1)直观检查和核查相关证明材料。

(2)直观检查

• 查验要求

(1)管道的材质与规格、管径、连接方式、安装位置及采取的防冻措施，应符合设计要求和《细水雾灭火系统技术规范》GB 50898—2013 第 4.3.7 条的有关规定。

(2)管网上的控制阀、动作信号反馈装置、止回阀、试水阀、安全阀、排气阀等，其规格和安装位置均应符合设计要求

• 查验数量要求

全数查验

• 查验设备及工具

直观检查

• 重要程度

(1)A、(2)B

【学习卡六】喷头

· 相关规范条文

《细水雾灭火系统技术规范》GB 50898—2013 的 5.0.8 条

· 查验方法

(1)直观检查。

(2)对照图纸尺量检查

· 查验要求

(1)喷头的数量、规格、型号以及闭式喷头的公称动作温度等,应符合设计要求。

(2)喷头的安装位置、安装高度、间距及与墙体、梁等障碍物的距离,均应符合设计要求和《细水雾灭火系统技术规范》GB 50898—2013 第 4.3.11 条的有关规定,距离偏差不应大于±15 mm

· 查验数量要求

按安装数量 5%比例查验,且查验总数不应少于 20 个

· 查验设备及工具

直观检查、卷尺

· 重要程度

(1)A、(2)B

【学习卡七】系统模拟联动功能试验

· 相关规范条文

《细水雾灭火系统技术规范》GB 50898—2013 的 5.0.9 条

· 查验数量要求

全数查验

· 查验设备及工具

流量压力检测装置、秒表和直观检查

· 重要程度

A

· 查验方法

(1)利用模拟信号试验,直观检查。

(2)利用模拟信号试验,直观检查。

(3)利用系统流量压力检测装置,通过泄放试验,直观检查。

(4)直观检查。

(5)模拟主、备用电源切换,采用秒表计时检查

· 查验要求

(1)动作信号反馈装置应能正常动作,并应能在动作后启动泵组或开启瓶组及与其联动的相关设备,可正确发出反馈信号。

(2)开式系统的分区控制阀应能正常开启,并可正确发出反馈信号。

(3)系统的流量、压力均应符合设计要求。

(4)泵组或瓶组及其他消防联动控制设备应能正常启动,并应有反馈信号显示。

(5)主、备用电源应能在规定时间内正常切换

【学习卡八】开式系统冷喷试验

• 相关规范条文

《细水雾灭火系统技术规范》GB 50898—2013 的 5.0.10 条

• 查验方法

自动启动系统，采用秒表等直观检查

• 查验要求

开式系统应进行冷喷试验，除应符合《细水雾灭火系统技术规范》GB 50898—2013 第 5.0.9 条的规定外，其响应时间应符合设计要求

• 查验数量要求

至少一个系统、一个防护区或一个保护对象

• 查验设备及工具

流量压力检测装置、秒表

• 重要程度

A

四、任务分配

进行某建筑细水雾灭火系统的消防查验的任务分配。

消防查验任务分工表

查验单位(班级)				
查验人员	姓名	执业资格或专业技术资格	职务	任务分工
查验负责人(组长)				
项目组成员(组员)				

五、自主探学

根据任务分工，自主填写消防现场查验原始记录表。

消防现场查验原始记录表

项目名称				涉及阶段	□施工实施阶段 □竣工验收阶段	
日期				查验次数	第　次	
序号	所属分部工程	查验内容	查验位置	现场情况	问题描述	备注
1						
2						
3						
设备仪器：						

六、合作研学

小组交流，教师指导，填写细水雾灭火系统概况及查验数量一览表。

细水雾灭火系统概况及查验数量一览表

细水雾灭火系统概况					
名称	安装数量	设置位置	查验抽样数量要求	查验抽样数量	查验位置
消防水泵房			全数查验		
消防水池			全数查验		
高位消防水箱			全数查验		
消防水泵			全数查验		
稳压装置			全数查验		
水泵接合器			全数查验		
雨淋阀			全数查验		
电磁阀			全数查验		
水力警铃			全数查验		
压力开关			全数查验		
分区控制阀			全数查验		
喷头			按安装数量5%比例查验，且查验总数不应少于20个		

七、展示赏学

小组合作完成细水雾灭火系统查验情况汇总表的填写，每个小组推荐一名组员分享汇报查验情况和结论。

细水雾灭火系统查验情况汇总表

工程名称								
序号	查验项目名称	GB 50898 条款	查验内容		查验结果			
			查验要求	查验方法	查验情况	重要程度	结论	备注
1	泵组系统水源	5.0.3 第1款	查看进(补)水管管径及供水能力	对照设计资料采用流速计、直尺等测量		A		
		5.0.3 第2款	水质	水质取样检查		A		
		5.0.3 第3款	过滤器的设置	直观检查		A		
2	储水箱	5.0.3 第1款	查看设置位置	直观检查		A		
		5.0.3 第1款	容量	尺量		A		
3	泵组	5.0.4 第1款	工作泵、备用泵、吸水管、出水管、出水管上的安全阀、止回阀、信号阀等的规格、型号、数量;吸水管、出水管上的检修阀应锁定在常开位置,并有明显标记	对照设计资料和产品说明书直观检查		B		
		5.0.4 第2款	引水方式	直观检查		B		
		5.0.4 第3款	水泵的压力和流量	自动开启水泵出水管上的泄放试验阀,使用压力表、流量计等直观检查		B		
		5.0.4 第4款	主电源供电启动消防水泵,消防水泵投入正常运行的时间,主、备用电源切换功能	打开水泵出水管上的泄放试验阀,利用主电源向泵组供电;关掉主电源检查主、备用电源切换情况,用秒表等直观检查		A		
		5.0.4 第5款	稳压泵自动启动功能	当系统管网中的水压下降到设计最低压力时,稳压泵应能自动启动;使用压力表直观检查		B		

续表

序号	查验项目名称	GB 50898 条款	查验内容		查验结果			
			查验要求	查验方法	查验情况	重要程度	结论	备注
3	泵组	5.0.4 第6款	泵组手动启动、自动启动功能	自动启动检查,对于开式系统,采用模拟火灾信号启动泵组;对于闭式系统,开启末端试水阀启动泵组,直观检查。手动启动检查,按下水泵控制柜的按钮,直观检查		A		
		5.0.4 第7款	控制柜的规格、型号、数量,控制柜的图纸设置	直观检查		B		
4	储气瓶组和储水瓶组	5.0.5 第2款	储水容器内水的充装量	称重、用液位计或压力计测量		B		
		5.0.5 第2款	储气容器内氮气或压缩空气的储存压力	称重、用液位计或压力计测量		B		
5	控制阀	5.0.6 第1款	控制阀的型号、规格	直观检查		B		
			应按设计要求确定阀组的观测仪表和操作阀门的安装位置,并应便于观测和操作。阀组上的启闭标志应便于识别,控制阀上应设置标明所控制防护区的永久性标志牌	直观检查和尺量检查		B		
			分区控制阀的安装高度宜为1.2～1.6 m,操作面与墙或其他设备的距离不应小于0.8 m,并应满足安全操作要求	对照图纸尺量检查和操作阀门检查		B		
			分区控制阀应有明显启闭标志和可靠的锁定设施,并应具有启闭状态的信号反馈功能	直观检查		B		
			闭式系统试水阀的安装位置应便于安全地检查、试验	尺量和直观检查,必要时操作试水阀检查		B		

续表

序号	查验项目名称	GB 50898 条款	查验内容		查验结果			
			查验要求	查验方法	查验情况	重要程度	结论	备注
5	控制阀	5.0.6 第2款	开式系统分区控制阀组手动和自动开启功能	手动和电动启动分区控制阀，直观检查阀门启闭反馈情况		B		
		5.0.6 第3款	闭式系统分区控制阀组手动开启功能	将处于常开位置的分区控制阀手动关闭，直观检查		A		
6	管网	5.0.7 第1款	查看管道的材质、管径、连接方式、安装位置及防腐、防冻措施	直观检查和核查相关证明材料		A		
			管道之间或管道与管接头之间的焊接应采用对口焊接	尺量和直观检查		A		
			管道穿越墙体、楼板处应使用套管；穿过墙体的套管长度不应小于该墙体的厚度，穿过楼板的套管长度应高出楼地面 50 mm。管道与套管间的空隙应采用防火封堵材料填塞密实。设置在有爆炸危险场所的管道应采取导除静电的措施	尺量和直观检查		A		
		5.0.7 第2款	控制阀、动作信号反馈装置、止回阀、试水阀、安全阀、排气阀等规格和安装位置应符合设计文件要求	直观检查		B		
7	喷头	5.0.8 第1款	喷头的数量、规格、型号以及闭式喷头的公称动作温度等	直观检查		A		
		5.0.8 第2款	喷头的安装位置、安装高度	对照图纸尺量检查		B		
		5.0.8 第2款	喷头的安装间距	对照图纸尺量检查		B		
		5.0.8 第2款	喷头与墙体、梁等障碍物的距离	对照图纸尺量检查		B		

续表

序号	查验项目名称	GB 50898 条款	查验内容		查验结果			
			查验要求	查验方法	查验情况	重要程度	结论	备注
8	系统模拟联动功能试验	5.0.9 第1款	动作信号反馈装置正常动作,自动启动泵组或开启瓶组及与其联动的相关设备,发出信号反馈	利用模拟信号试验,直观检查		A		
		5.0.9 第2款	开式系统的分区控制阀启动功能及信号反馈	利用模拟信号试验,直观检查		A		
		5.0.9 第3款	系统的流量、压力	利用系统流量压力检测装置,通过泄放试验,直观检查		A		
		5.0.9 第4款	泵组或瓶组联动启动功能及信号反馈	直观检查		A		
		5.0.9 第4款	其他消防联动控制设备启动功能及信号反馈	直观检查		A		
		5.0.9 第5款	主、备用电源切换功能	模拟主、备用电源切换,采用秒表计时检查		A		
9	开式系统冷喷试验	5.0.10	进行开式系统冷喷试验,系统响应时间应符合要求	自动启动系统,采用秒表等直观检查		A		
查验结论			□合格		□不合格			

任务五　水喷雾灭火系统查验

一、任务描述

水喷雾灭火系统是指由水源、供水设备、管道、雨淋阀组、过滤器和水雾喷头等组成的系统。其灭火机理是当水以细小的雾状水滴喷射到正在燃烧的物质表面时,产生表面冷却、窒息、乳化和稀释的综合效应，实现灭火。水喷雾灭火系统具有适用范围广的优点，不仅可以提高扑灭固体火灾的灭火效率，同时由于水雾具有不会造成液体火飞溅、电气绝缘性好的特点，在扑灭可燃液体火灾、电气火灾中均得到广泛的应用。

水喷雾灭火系统是保证建设工程消防安全的重要组成部分，也是消防查验的重点内容之一。本任务旨在让学习者了解水喷雾灭火系统的基本要求和检查方法，掌握对建设工程的水喷雾灭火系统进行有效的查验的方法。

二、任务目标

（一）知识目标

（1）理解水喷雾灭火系统的相关规范与标准，掌握水喷雾灭火系统的基本要求。

（2）掌握水喷雾灭火系统各组件的类型、设置要求、工作原理和安装要求。

（3）掌握水喷雾灭火系统的检查方法、检查内容和检查标准。

（二）能力目标

（1）能够分析建设工程水喷雾灭火系统的设计方案和施工图纸，判断其是否符合消防安全要求。

（2）能够检查建设工程水喷雾灭火系统的现场情况，发现并记录存在的问题和缺陷。

（3）能够测试建设工程水喷雾灭火系统的性能和联动，评价其是否达到设计要求。

（4）能够提出建设工程水喷雾灭火系统的整改建议和措施，编制建设工程消防查验报告。

（三）素质目标

（1）培养消防查验工作人员分析问题、解决问题的能力。

（2）养成消防查验工作人员成本优化的职业素养，培养消防查验工作人员开拓创新的思维能力。

三、相关知识链接

【学习卡一】雨淋报警阀组

•相关规范条文	•查验数量要求
《水喷雾灭火系统技术规范》GB 50219—2014 的 9.0.10 条	全数查验
•查验设备及工具	**•重要程度**
流量计、压力表、声级计、卷尺和直观检查	B

• 查验方法	• 查验要求
(1)直观检查。 (2)直观检查。 (3)使用流量计、压力表检查。 (4)打开阀门放水,使用压力表、声级计和尺量检查。 (5)直观检查	(1)雨淋报警阀组的各组件应符合国家现行相关产品标准的要求。 (2)打开手动试水阀或电磁阀时,相应雨淋报警阀动作应可靠。 (3)打开系统流量压力检测装置放水阀,测试的流量、压力应符合设计要求。 (4)水力警铃的安装位置应正确。测试时,水力警铃喷嘴处压力不应小于 0.05 MPa,且距水力警铃 3 m 远处警铃的响度不应小于 70 dB(A)。 (5)与火灾自动报警系统和手动启动装置的联动控制应符合设计要求

【学习卡二】管网

• 相关规范条文	• 查验方法
《水喷雾灭火系统技术规范》GB 50219—2014 的 9.0.11 条	(1)直观检查和核查相关证明材料。 (2)直观检查

• 查验要求

(1)管道的材质与规格、管径、连接方式、安装位置及采取的防冻措施应符合设计要求和《水喷雾灭火系统技术规范》GB 50219—2014 第 8.3.14 条的相关规定。

(2)管网上的控制阀、压力信号反馈装置、止回阀、试水阀、泄压阀等,其规格和安装位置均应符合设计要求

• 查验数量要求	• 查验设备及工具	• 重要程度
全数查验	流量计、压力表、卷尺和直观检查	(1)A、(2)B

【学习卡三】喷头

• 相关规范条文	• 查验方法
《水喷雾灭火系统技术规范》GB 50219—2014 的 9.0.12 条	(1)直观检查。 (2)对照图纸尺量检查。 (3)计数检查。

·查验要求

(1)喷头的数量、规格、型号应符合设计要求。

(2)喷头的安装位置、安装高度、间距及与梁等障碍物的距离偏差均应符合设计要求和《水喷雾灭火系统技术规范》GB 50219—2014第8.3.18条的相关规定。

(3)不同型号、规格的喷头的备用量不应小于其实际安装总数的1%,且每种备用喷头数不应少于5只

·查验数量要求

(1)全数查验。

(2)按安装数量5%比例查验,且总数不少于20个。

(3)全数查验

·查验设备及工具

卷尺和直观检查

·重要程度

(1)A、(2)B、(3)B

【学习卡四】系统模拟灭火功能试验

·相关规范条文

《水喷雾灭火系统技术规范》GB 50219—2014的9.0.14条

·查验方法

(1)利用模拟信号试验检查。

(2)利用模拟信号试验检查。

(3)利用系统流量、压力检测装置通过泄放试验检查。

(4)直观检查。

(5)模拟主、备用电源切换,采用秒表计时检查

·查验要求

(1)压力信号反馈装置应能正常动作,并应能在动作后启动消防水泵及与其联动的相关设备,可正确发出反馈信号。

(2)系统的分区控制阀应能正常开启,并可正确发出反馈信号。

(3)系统的流量、压力均应符合设计要求。

(4)消防水泵及其他消防联动控制设备应能正常启动,并应有反馈信号显示。

(5)主、备用电源应能在规定时间内正常切换

·查验数量要求

全数查验

·查验设备及工具

流量计、压力计、秒表和直观检查

·重要程度

A

【学习卡五】系统冷喷试验

• 相关规范条文	• 查验方法
《水喷雾灭火系统技术规范》GB 50219—2014 的 9.0.15 条	自动启动系统,采用秒表等检查
• 查验要求	**• 查验数量要求**
系统应进行冷喷试验,除应符合《水喷雾灭火系统技术规范》GB 50219—2014 第 9.0.14条的规定外,其响应时间应符合设计要求,并应检查水雾覆盖保护对象的情况	至少 1 个系统、1 个防火区或 1 个保护对象
• 查验设备及工具	**• 重要程度**
秒表	A

四、任务分配

进行某建筑水喷雾灭火系统的消防查验的任务分配。

消防查验任务分工表

查验单位(班级)				
查验人员	姓名	执业资格或专业技术资格	职务	任务分工
查验负责人(组长)				
项目组成员(组员)				

五、自主探学

根据任务分工,自主填写消防现场查验原始记录表。

消防现场查验原始记录表

项目名称				涉及阶段	□施工实施阶段 □竣工验收阶段	
日期				查验次数	第　次	
序号	所属分部工程	查验内容	查验位置	现场情况	问题描述	备注
1						
2						
3						
设备仪器：						

六、合作研学

小组交流，教师指导，填写水喷雾灭火系统概况及查验数量一览表。

水喷雾灭火系统概况及查验数量一览表

水喷雾灭火系统概况					
名称	安装数量	设置位置	查验抽样数量要求	查验抽样数量	查验位置
消防水泵房			全数查验		
消防水池			全数查验		
高位消防水箱			全数查验		
消防水泵			全数查验		
稳压装置			全数查验		
水泵接合器			全数查验		
雨淋阀			全数查验		
电磁阀			全数查验		
水力警铃			全数查验		
压力开关			全数查验		
分区控制阀			全数查验		
喷头			(1)全数查验。 (2)按安装数量5%比例查验，且总数不少于20个。 (3)全数查验		

七、展示赏学

小组合作完成水喷雾灭火系统查验情况汇总表的填写,每个小组推荐一名组员分享汇报查验情况和结论。

水喷雾灭火系统查验情况汇总表

工程名称								
序号	查验项目名称	GB 50219 条款	查验内容		查验结果			
			查验要求	查验方法	查验情况	重要程度	结论	备注
1	雨淋报警阀组	9.0.10 第1款	查看设置位置及组件	直观检查		B		
		9.0.10 第2款	打开手动试水阀或电磁阀时,雨淋阀动作可靠性	直观检查		B		
		9.0.10 第3款	打开系统流量压力检测装置放水阀,测试流量和压力	使用流量计、压力表检查		B		
		9.0.10 第4款	水力警铃设置位置	观察和尺量检查		B		
		9.0.10 第4款	实测水力警铃喷嘴压力及警铃声强	打开阀门放水,使用压力表、声级计和尺量检查		B		
		9.0.10 第6款	与火灾自动报警系统和手动启动装置的联动控制	直观检查		B		
2	管网	9.0.11 第1款	查看管道的材质、管径、连接方式、安装位置及防冻措施	直观检查和核查相关证明材料		A		
		9.0.11 第3款	控制阀、压力信号反馈装置、止回阀、试水阀、泄压阀等设置	直观检查		B		
3	喷头	9.0.12 第1款	喷头的数量、规格、型号	直观检查		A		
		9.0.12 第2款	喷头的安装位置、安装高度、间距及与梁等障碍物的距离	对照图纸尺量检查		B		
		9.0.12 第3款	不同型号、规格的喷头的备用量	计数检查		B		

续表

序号	查验项目名称	GB 50219 条款	查验内容		查验结果			
			查验要求	查验方法	查验情况	重要程度	结论	备注
4	系统模拟灭火功能试验	9.0.14 第1款	压力信号反馈装置正常动作，自动启动消防水泵和与其联锁的相关设备及信号反馈	利用模拟信号试验检查		A		
		9.0.14 第2款	分区控制阀启动功能及信号反馈	利用模拟信号试验检查		A		
		9.0.14 第3款	系统的流量、压力	利用系统流量、压力检测装置，通过泄放试验检查		A		
		9.0.14 第4款	消防水泵启动功能及信号反馈	直观检查		A		
		9.0.14 第4款	其他消防联动控制设备启动功能及信号反馈	直观检查		A		
		9.0.14 第5款	主、备用电源切换功能	模拟主、备用电源切换，采用秒表计时检查		A		
	系统冷喷试验	9.0.15	系统冷喷试验，系统响应时间、水雾覆盖保护对象的情况	自动启动系统，采用秒表等检查		A		
查验结论			□合格	□不合格				

模块五　建筑暖通消防系统查验

任务一　防烟排烟系统查验

一、任务描述

防烟排烟系统是为控制起火建筑内的烟气流动，创造有利于安全疏散和消防救援的条件，防止和减少建筑火灾的危害而设置的一种建筑设施。防烟排烟系统分为机械加压送风防烟设施和机械排烟设施，主要由防排烟风机、电器控制柜、风管（风道）、防火阀、送风口、排烟口、手动控制装置、火灾探测器、火灾联动控制系统等组成。防烟排烟系统在火灾发生时能有效控制烟气的蔓延，且排烟迅速、及时，对救人、救灾工作起着关键的作用，是消防查验的重点内容之一。防烟排烟系统是关系到救灾、救人成功与否的重要消防设施，必须要设计安装好、维护保养好，保证使用期内的性能状态良好。本任务旨在让学习者了解防烟排烟系统消防检查的基本要求和方法，掌握如何对建设工程的防烟排烟系统进行有效查验。

二、任务目标

（一）知识目标

（1）了解防烟排烟系统的相关法律法规，掌握防烟排烟系统检查的基本标准和规范要求。

（2）熟悉防烟排烟系统的构成、原理、性能和操作维护规程。

（3）了解防烟排烟系统的检查方法、检查要求和重要程度。

（二）能力目标

（1）能够使用相关工具和设备进行防烟排烟系统的消防检查和测试。

（2）能够识别并评估防烟排烟系统的风险点和隐患，发现存在的问题并提出改进建议。

(3)能够提出建设工程防烟排烟系统的整改建议和措施,编制建设工程消防查验报告。

(三)素质目标

(1)提高消防查验工作人员的观察能力,可以发现问题细节并加以分析。

(2)培养消防查验工作人员的逻辑思维能力,可以快速判断出现问题的原因并提出解决方案。

(3)培养消防查验工作人员的团队合作意识,提高与他人沟通、协作完成工作的能力。

三、相关知识链接

【学习卡一】防烟排烟系统设备手动功能

• 相关规范条文

《建筑防烟排烟系统技术标准》GB 51251—2017 的 8.2.2 条

• 查验数量要求

各系统的 30%

• 查验要求

(1)送风机、排烟风机应能正常手动启动和停止,状态信号应在消防控制室显示。

(2)送风口、排烟阀或排烟口应能正常手动开启和复位,阀门关闭严密,动作信号应在消防控制室显示。

(3)活动挡烟垂壁、自动排烟窗应能正常手动开启和复位,动作信号应在消防控制室显示

• 查验方法

(1)手动操作送风机、排烟风机的启动和停止按钮,直观检查状态信号在消防控制室的显示情况。

(2)手动操作送风口、排烟阀或排烟口的开启和复位,直观检查阀门关闭严密情况以及动作信号在消防控制室的显示情况。

(3)手动操作活动挡烟垂壁、自动排烟窗的开启和复位,直观检查动作信号在消防控制室的显示情况

• 查验设备及工具

直观检查

• 重要程度

A

【学习卡二】防烟排烟系统设备联动启动功能

• 相关规范条文

《建筑防烟排烟系统技术标准》GB 51251—2017 的 8.2.3 条、5.2.3 条～5.2.6 条,《消防设施通用规范》GB 55036—2022 的 11.1.5 条、11.2.6 条

• 查验数量要求

全数查验

• 查验要求

(1)送风口的开启和送风机的启动:①加压送风机应具有现场手动启动、与火灾自动报警系统联动启动和在消防控制室手动启动的功能,当系统中任一常闭加压送风口开启时,相应的加压风机均应能联动启动;②机械加压送风系统应与火灾自动报警系统联动,并应能在防火分区内的火灾信号确认后 15 s 内同时联动开启该防火分区的全部疏散楼梯间、该防火分区所在着火层及其相邻上下各一层疏散楼梯间及其前室或合用前室的常闭加压送风口和加压送风机。

(2)排烟阀或排烟口的开启和排烟风机的启动:①排烟风机应具有现场手动启动、与火灾自动报警系统联动启动和在消防控制室手动启动的功能,当任一排烟阀或排烟口开启时,相应的排烟风机、补风机均应能联动启动;②机械排烟系统中的常闭排烟阀或排烟口应具有火灾自动报警系统自动开启、消防控制室手动开启和现场手动开启功能,其开启信号应与排烟风机联动,当火灾确认后,火灾自动报警系统应在 15 s 内联动开启相应防烟分区的全部排烟阀、排烟口、排烟风机和补风设施,并应在 30 s 内自动关闭与排烟无关的通风、空调系统;③当火灾确认后,担负两个及以上防烟分区的排烟系统,应仅打开着火防烟分区的排烟阀或排烟口,其他防烟分区的排烟阀或排烟口应呈关闭状态。

(3)活动挡烟垂壁开启到位的时间:活动挡烟垂壁应具有火灾自动报警系统自动启动和现场手动启动功能,当火灾确认后,火灾自动报警系统应在 15 s 内联动相应防烟分区的全部活动挡烟垂壁,60 s 以内挡烟垂壁应开启到位。

(4)自动排烟窗开启完毕的时间:自动排烟窗可采用与火灾自动报警系统联动和温度释放装置联动的控制方式。当采用与火灾自动报警系统自动启动时,自动排烟窗应在 60 s 内或小于烟气充满储烟仓时间内开启完毕。带有温控功能自动排烟窗,其温控释放温度应大于环境温度 30 ℃且小于 100 ℃。

(5)补风机的启动:补风机应具有现场手动启动、与火灾自动报警系统联动启动和在消防控制室手动启动的功能,当任一排烟阀或排烟口开启时,相应的排烟风机、补风机均应能联动启动。

(6)各部件、设备动作状态信号应在消防控制室显示

• 查验方法

(1)①当任何一个常闭送风口开启时,相应的送风机均应能联动启动。②与火灾自动报警系统联动调试时,当火灾自动报警探测器发出火警信号后,应在 15 s 内启动与设计要求一致的送风口、送风机,且其联动启动方式应符合现行国家标准《火灾自动报警系统设计规范》GB 50116—2013 的规定,其状态信号应反馈到消防控制室。

(2)①当任何一个常闭排烟阀或排烟口开启时,排烟风机均应能联动启动。②应与火灾自动报警系统联动调试。当火灾自动报警系统发出火警信号后,机械排烟系统应启动有关部位的排烟阀或排烟口、排烟风机;启动的排烟阀或排烟口、排烟风机应与设计和技术标准要求一致,其状态信号应反馈到消防控制室。③有补风要求的机械排烟场所,当火灾确认后,补风系统应启动。④排烟系统与通风、空调系统合用,当火灾自动报警系统发出火警信号后,由通风、空调系统转换为排烟系统。

(3)活动挡烟垂壁应在火灾报警后联动下降到设计高度。

(4)自动排烟窗应在火灾自动报警系统发出火警信号后联动开启到符合要求的位置。

(5)①当任何一个常闭排烟阀或排烟口开启时,排烟风机均应能联动启动。②应与火灾自动报警系统联动调试。当火灾自动报警系统发出火警信号后,机械排烟系统应启动有关部位的排烟阀或排烟口、排烟风机;启动的排烟阀或排烟口、排烟风机应与设计和技术标准要求一致,其状态信号应反馈到消防控制室。③有补风要求的机械排烟场所,当火灾确认后,补风系统应启动。

(6)直观检查状态信号在消防控制室的显示情况

• 查验设备及工具	• 重要程度
直观检查、秒表	A

【学习卡三】自然通风及自然排烟设施

• 相关规范条文	• 查验要求
《建筑防烟排烟系统技术标准》GB 51251—2017 的 8.2.4 条、3.2.1 条～3.2.3 条、4.3.2 条～4.3.5 条、4.3.7 条，《消防设施通用规范》GB 55036—2022 的 11.2.3 条、11.2.4 条	(1)封闭楼梯间、防烟楼梯间、前室及消防电梯前室可开启外窗的布置方式和面积。 (2)避难层(间)可开启外窗或百叶窗的布置方式和面积。 (3)设置自然排烟场所的可开启外窗、排烟窗、可熔性采光带(窗)的布置方式和面积
• 查验方法	**• 查验数量要求**
尺量检查、直观检查	各系统的 30%
• 查验设备及工具	**• 重要程度**
卷尺和直观检查	A

【学习卡四】机械防烟系统的性能

• 相关规范条文	• 查验方法
《建筑防烟排烟系统技术标准》GB 51251—2017 的 8.2.5 条、3.4.4 条、3.4.6 条	直观检查，使用微压计、风速仪测量

• 查验要求

(1)选取送风系统末端所对应的送风最不利的三个连续楼层模拟起火层及其上下层，封闭避难层(间)仅需选取本层，测试前室及封闭避难层(间)的风压值及疏散门的门洞断面风速值，应分别符合《建筑防烟排烟系统技术标准》GB 51251—2017 第 3.4.4 条和 3.4.6 条的规定，且偏差不大于设计值的 10%。

(2)对楼梯间和前室的测试应单独进行，且互不影响。

(3)测试楼梯间和前室疏散门的门洞断面风速时，应同时开启 3 个楼层的疏散门

• 查验数量要求	• 查验设备及工具	• 重要程度
全数查验	直观检查、微压计、风速仪、卷尺	A

【学习卡五】机械排烟系统的性能

• 相关规范条文	• 查验方法
《建筑防烟排烟系统技术标准》GB 51251—2017 的 8.2.6 条	直观检查,使用风速仪测量

• 查验要求

(1)开启任一防烟分区的全部排烟口,风机启动后测试排烟口处的风速,风速、风量应符合设计要求且偏差不大于设计值的 10%。

(2)设有补风系统的场所,应测试补风口风速,风速、风量应符合设计要求且偏差不大于设计值的 10%

• 查验数量要求	• 查验设备及工具	• 重要程度
全数查验	直观检查、风速仪、卷尺	A

四、任务分配

进行某建筑防烟排烟系统的消防查验的任务分配。

消防查验任务分工表

查验单位(班级)				
查验人员	姓名	执业资格或专业技术资格	职务	任务分工
查验负责人(组长)				
项目组成员(组员)				

五、自主探学

根据任务分工,自主填写消防现场查验原始记录表。

消防现场查验原始记录表

<table>
<tr><td>项目名称</td><td colspan="3"></td><td>涉及阶段</td><td colspan="2">□施工实施阶段
□竣工验收阶段</td></tr>
<tr><td>日期</td><td colspan="3"></td><td>查验次数</td><td colspan="2">第　次</td></tr>
<tr><td>序号</td><td>所属分部工程</td><td>查验内容</td><td>查验位置</td><td>现场情况</td><td>问题描述</td><td>备注</td></tr>
<tr><td>1</td><td></td><td></td><td></td><td></td><td></td><td></td></tr>
<tr><td>2</td><td></td><td></td><td></td><td></td><td></td><td></td></tr>
<tr><td>3</td><td></td><td></td><td></td><td></td><td></td><td></td></tr>
<tr><td colspan="7">设备仪器：</td></tr>
</table>

六、合作研学

小组交流，教师指导，填写防烟排烟系统概况及查验数量一览表。

防烟排烟系统概况及查验数量一览表

<table>
<tr><td>防烟排烟
系统概况</td><td colspan="5"></td></tr>
<tr><td>名称</td><td>安装数量</td><td>设置位置</td><td>查验数量要求</td><td>查验抽样数量</td><td>查验位置</td></tr>
<tr><td>机械防烟风机</td><td></td><td></td><td>全数查验</td><td></td><td></td></tr>
<tr><td>机械排烟风机</td><td></td><td></td><td>全数查验</td><td></td><td></td></tr>
<tr><td>机械补风机</td><td></td><td></td><td>全数查验</td><td></td><td></td></tr>
<tr><td>活动挡烟垂壁</td><td></td><td></td><td>全数查验</td><td></td><td></td></tr>
<tr><td>自动排烟窗</td><td></td><td></td><td>全数查验</td><td></td><td></td></tr>
<tr><td>排烟防火阀</td><td></td><td></td><td>全数查验</td><td></td><td></td></tr>
<tr><td>风管</td><td></td><td></td><td>各系统的 30%</td><td></td><td></td></tr>
<tr><td>送风口(阀)</td><td></td><td></td><td>各系统的 30%</td><td></td><td></td></tr>
<tr><td>排烟口(阀)</td><td></td><td></td><td>各系统的 30%</td><td></td><td></td></tr>
<tr><td>补风口</td><td></td><td></td><td>各系统的 30%</td><td></td><td></td></tr>
<tr><td>可开启外窗</td><td></td><td></td><td>各系统的 30%</td><td></td><td></td></tr>
</table>

七、展示赏学

小组合作完成防烟排烟系统查验情况汇总表的填写，每个小组推荐一名组员分享汇报查验情况和结论。

防烟排烟系统查验情况汇总表

工程名称								
序号	查验项目名称	GB 51251条款	查验内容		查验结果			
			查验要求	查验方法	查验情况	重要程度	结论	备注
1	工程竣工验收资料	8.1.4第1款	竣工验收申请报告	直观检查		B		
		8.1.4第2款	施工图、设计说明书、设计变更通知书和设计审核意见书、竣工图	直观检查		B		
		8.1.4第3款	工程质量事故处理报告	直观检查		B		
		8.1.4第4款	防烟排烟系统施工过程质量检查记录	直观检查		B		
		8.1.4第5款	防烟排烟系统工程质量控制资料检查记录	直观检查		B		
2	防烟排烟系统设备手动功能	8.2.2第1款	送风机、排烟风机应能正常手动启动和停止，状态信号应在消防控制室显示	手动操作，直观检查		A		
		8.2.2第2款	送风口、排烟阀或排烟口应能正常手动开启和复位，阀门关闭严密，动作信号应在消防控制室显示	手动操作，直观检查		A		
		8.2.2第3款	活动挡烟垂壁、自动排烟窗应能正常手动开启和复位，动作信号应在消防控制室显示	手动操作，直观检查		A		
3	防烟排烟系统设备联动启动功能	8.2.3第1款	加压送风机的启动应符合现场手动启动	手动操作，直观检查		A		
			加压送风机的启动应符合通过火灾自动报警系统自动启动	手动操作，直观检查		A		
			加压送风机的启动应符合消防控制室手动启动	手动操作，直观检查		A		
			加压送风机的启动应符合系统中任一常闭加压送风口开启时，加压风机应能自动启动	手动操作，直观检查		A		

续表

序号	查验项目名称	GB 51251条款	查验内容		查验结果			
			查验要求	查验方法	查验情况	重要程度	结论	备注
3	防烟排烟系统设备联动启动功能	8.2.3第1款	当防火分区内火灾确认后，应能在15 s内联动开启常闭加压送风口和加压送风机，并应开启该防火分区楼梯间的全部加压送风机	手动操作，直观检查，秒表测试		A		
			当防火分区内火灾确认后，应能在15 s内联动开启常闭加压送风口和加压送风机，并应开启该防火分区内着火层及其相邻上下层前室及合用前室的常闭送风口，同时开启加压送风机	手动操作，直观检查，秒表测试		A		
		8.2.3第2款	排烟风机的控制方式应符合现场手动启动的要求	手动操作，直观检查		A		
			排烟风机的控制方式应符合火灾自动报警系统自动启动的要求	手动操作，直观检查				
			排烟风机的控制方式应符合消防控制室手动启动的要求	手动操作，直观检查		A		
			排烟风机的控制方式应符合系统中任一排烟阀或排烟口开启时，排烟风机自动启动的要求	手动操作，直观检查		A		
			排烟风机的控制方式应符合排烟防火阀在280 ℃时应自行关闭，并应连锁关闭排烟风机的要求	手动操作，直观检查		A		
			机械排烟系统中的常闭排烟阀或排烟口应具有火灾自动报警系统自动开启、消防控制室手动开启和现场手动开启功能，其开启信号应与排烟风机联动。当火灾确认后，火灾自动报警系统应在15 s内联动开启相应防烟分区的全部排烟阀、排烟口、排烟风机和补风设施，并应在30 s内自动关闭与排烟无关的通风、空调系统	手动操作，直观检查，秒表测试		A		

续表

序号	查验项目名称	GB 51251条款	查验内容		查验结果			
			查验要求	查验方法	查验情况	重要程度	结论	备注
3	防烟排烟系统设备联动启动功能	8.2.3第2款	当火灾确认后,担负两个及以上防烟分区的排烟系统,应仅打开着火防烟分区的排烟阀或排烟口,其他防烟分区的排烟阀或排烟口应呈关闭状态	手动操作,直观检查		A		
		8.2.3第3款	活动挡烟垂壁应具有火灾自动报警系统自动启动和现场手动启动功能,当火灾确认后,火灾自动报警系统应在15 s内联动相应防烟分区的全部活动挡烟垂壁,60 s以内挡烟垂壁应开启到位	手动操作,直观检查,秒表测试		A		
		8.2.3第4款	自动排烟窗可采用与火灾自动报警系统联动和温度释放装置联动的控制方式。当火灾自动报警系统自动启动时,自动排烟窗应在60 s内或在烟气充满储烟仓之前开启完毕。带有温控功能自动排烟窗,其温控释放温度应大于环境温度30 ℃且小于100 ℃	手动操作,直观检查,秒表测试		A		
		8.2.3第5款	补风机的控制方式应符合现场手动启动的要求	手动操作,直观检查		A		
			补风机的控制方式应符合火灾自动报警系统自动启动的要求	手动操作,直观检查		A		
			补风机的控制方式应符合消防控制室手动启动的要求	手动操作,直观检查		A		
			补风机的控制方式应符合系统中任一排烟阀或排烟口开启时,补风机自动启动的要求	手动操作,直观检查		A		
			补风机的控制方式应符合排烟防火阀在280 ℃时应自行关闭,并应连锁关闭补风机的要求	手动操作,直观检查		A		
		8.2.3第6款	各部件、设备动作状态信号应在消防控制室显示	手动操作,直观检查		A		

续表

<table>
<tr><th rowspan="2">序号</th><th rowspan="2">查验项目名称</th><th rowspan="2">GB 51251 条款</th><th colspan="2">查验内容</th><th colspan="4">查验结果</th></tr>
<tr><th>查验要求</th><th>查验方法</th><th>查验情况</th><th>重要程度</th><th>结论</th><th>备注</th></tr>
<tr><td rowspan="3">4</td><td rowspan="3">自然通风及自然排烟设施</td><td>8.2.4 第1款</td><td>封闭楼梯间、防烟楼梯间、前室及消防电梯前室可开启外窗的布置方式和面积</td><td>对照图纸直观检查</td><td></td><td>A</td><td></td><td></td></tr>
<tr><td>8.2.4 第2款</td><td>避难层(间)可开启外窗或百叶窗的布置方式和面积</td><td>对照图纸直观检查</td><td></td><td>A</td><td></td><td></td></tr>
<tr><td>8.2.4 第3款</td><td>设置自然排烟场所的可开启外窗、排烟窗、可熔性采光带(窗)的布置方式和面积</td><td>对照图纸直观检查</td><td></td><td>A</td><td></td><td></td></tr>
<tr><td rowspan="3">5</td><td rowspan="3">机械防烟系统</td><td>8.2.5 第1款</td><td>选取送风系统末端所对应的送风最不利的3个连续楼层模拟起火层及其上下层，封闭避难层(间)仅需选取本层，测试前室及封闭避难层(间)的风压值及疏散门的门洞断面风速值，相应数值应分别符合《建筑防烟排烟系统技术标准》GB 51251—2017 第3.4.4条和第3.4.6条的规定，且偏差不大于设计值的10%</td><td>直观检查，使用微压计、风速仪测量</td><td></td><td>A</td><td></td><td></td></tr>
<tr><td>8.2.5 第2款</td><td>对楼梯间和前室的测试应单独进行，且互不影响</td><td>直观检查，使用微压计、风速仪测量</td><td></td><td>A</td><td></td><td></td></tr>
<tr><td>8.2.5 第3款</td><td>测试楼梯间和前室疏散门的门洞断面风速时，应同时开启3个楼层的疏散门</td><td>直观检查，使用风速仪测量</td><td></td><td>A</td><td></td><td></td></tr>
<tr><td rowspan="2">6</td><td rowspan="2">机械排烟系统</td><td>8.2.6 第1款</td><td>开启任一防烟分区的全部排烟口，风机启动后测试排烟口处的风速，风速、风量应符合设计要求且偏差不大于设计值的10%</td><td>直观检查，使用风速仪测量</td><td></td><td>A</td><td></td><td></td></tr>
<tr><td>8.2.6 第2款</td><td>设有补风系统的场所，应测试补风口风速，风速、风量应符合设计要求且偏差不大于设计值的10%</td><td>直观检查，使用风速仪测量</td><td></td><td>A</td><td></td><td></td></tr>
<tr><td colspan="3">查验结论</td><td colspan="3">□ 合格</td><td colspan="3">□ 不合格</td></tr>
</table>

任务二　通风与空气调节系统防火查验

一、任务描述

通风与空气调节系统是建筑物中重要的设备之一，它可以改善室内空气质量，调节温度和湿度，提高空间舒适度。但是，通风与空气调节系统也存在一定的消防隐患，如果设计、施工或使用不当，可能导致火灾的发生和扩散，威胁使用人员的安全，造成财产的损失。通风与空气调节系统防火查验是指对建筑物内的通风与空气调节系统的设置和功能进行检查和测试，以确保它们符合消防技术标准和设计文件的要求，包括检查风机、风管、绝热材料、加湿器、消声器等设备和材料的设置、安装、功能和质量是否合格，以及是否采取了有效的防火措施等。本任务旨在让学习者了解通风与空气调节系统防火检查的基本要求和检查方法，掌握如何对建设工程的通风与空气调节系统防火进行有效查验。

二、任务目标

(一)知识目标

(1)掌握通风与空气调节系统防火检查的法律法规和技术标准要求。

(2)熟悉通风系统和空气调节系统的组成、材料的使用、性能。

(3)掌握通风与空气调节系统在不同场所的检查方法、检查内容和检查标准。

(二)能力目标

(1)能够制订并实施通风与空气调节系统防火检查计划，按照通风与空气调节系统防火检查的基本步骤和方法去实施检查。

(2)能够识别通风与空气调节系统中可能存在的防火隐患，记录并提出相应的整改意见。

(3)能够提出建设工程通风与空气调节系统防火检查的整改建议和措施，编制建设工程消防查验报告。

(三)素质目标

(1)培养消防查验工作人员对消防查验工作环境安全和人员生命财产安全的重要意识，更好地遵守并履行相应的法律法规。

(2)培养消防查验工作人员对消防查验工作细心、严谨的工作态度和责任心，保障消防查验工作的质量和效果。

三、相关知识链接

【学习卡一】通风与空气调节系统设置

• 相关规范条文

《建筑设计防火规范》GB 50016—2014(2018年版)的9.1.4条,《建筑防火通用规范》GB 55037—2022的9.1.1条、9.1.2条

• 查验要求

(1)除有特殊功能或性能要求的场所外,下列场所的空气不应循环使用:①甲、乙类生产场所;②甲、乙类物质储存场所;③产生燃烧或爆炸危险性粉尘、纤维且所排除空气的含尘浓度不小于其爆炸下限25%的丙类生产或储存场所;④产生易燃易爆气体或蒸气且所排除空气的含气体浓度不小于其爆炸下限值10%的其他场所;⑤其他具有甲、乙类火灾危险性的房间。

(2)甲、乙类生产场所的送风设备,不应与排风设备设置在同一通风机房内。用于排除甲、乙类物质的排风设备,不应与其他房间的非防爆送、排风设备设置在同一通风机房内。

(3)民用建筑内空气中含有容易起火或爆炸危险物质的房间,应设置自然通风或独立的机械通风设施,且其空气不应循环使用

• 查验方法

(1)查看甲、乙类厂房及物质储存场所内的空气是否循环使用;测量含有燃烧或爆炸危险粉尘、纤维的空气浓度及易燃易爆气体或蒸气浓度。

(2)查看甲、乙类厂房服务的送风设备与排风设备布置位置。

(3)查看民用建筑内空气中含有容易起火或爆炸危险物质的房间通风与空气调节系统的设置情况

• 查验数量要求	• 查验设备及工具	• 重要程度
全数查验	浓度测量仪	A

【学习卡二】除尘器设置

• 相关规范条文	• 查验数量要求
《建筑设计防火规范》GB 50016—2014(2018年版)的9.3.5条、9.3.6条	全数查验

• 查验要求

(1)含有燃烧和爆炸危险粉尘的空气,在进入排风机前应采用不产生火花的除尘器进行处理。对于遇水可能形成爆炸的粉尘,严禁采用湿式除尘器。

(2)处理有爆炸危险粉尘的除尘器、排风机的设置应与其他普通型的风机、除尘器分开设置,并宜按单一粉尘分组布置

• 查验方法

(1)查看含有燃烧和爆炸危险粉尘的空气的处理措施。

(2)查看处理有爆炸危险粉尘的除尘器、排风机的设置情况

• 查验设备及工作

直观检查

• 重要程度

(1)A、(2)B

【学习卡三】排风系统设置

• 相关规范条文

《建筑设计防火规范》GB 50016—2014(2018年版)的9.1.5条、9.1.6条、9.3.4条、9.3.10条,《建筑防火通用规范》GB 55037—2022的9.1.3条、9.3.1条~9.3.3条

• 查验数量要求

全数查验

• 查验要求

(1)当空气中含有比空气轻的可燃气体时,水平排风管全长应顺气流方向向上坡度敷设。

(2)可燃气体管道和甲、乙、丙类液体管道不应穿过通风机房和通风管道,且不应紧贴通风管道的外壁敷设。

(3)排除有燃烧或爆炸危险性物质的风管,不应穿过防火墙或爆炸危险性房间、人员聚集的房间、可燃物较多的房间的隔墙。

(4)空气中含有易燃、易爆危险物质的房间,其送、排风系统应采用防爆型的通风设备。当送风机布置在单独分隔的通风机房内且送风干管上设置防止回流设施时,可采用普通型的通风设备。

(5)排除有燃烧或爆炸危险性气体、蒸气或粉尘的排风系统应符合下列规定:①应采取静电导除等静电防护措施;②排风设备不应设置在地下或半地下;③排风管道应具有不易积聚静电的性能,所排除的空气应直接通向室外安全地点。

(6)排除和输送温度超过80 ℃的空气或其他气体以及易燃碎屑的管道,与可燃或难燃物体之间的间隙不应小于150 mm,或采用厚度不小于50 mm的不燃材料隔热;当管道上下布置时,表面温度较高者应布置在上面

• 查验方法

(1)查看当空气中含有比空气轻的可燃气体时,水平排风管坡度。

(2)查看可燃气体管道和甲、乙、丙类液体管道敷设情况。

(3)查看厂房内有爆炸危险场所的排风管道敷设情况。

(4)查看空气中含有易燃、易爆危险物质的房间,其送、排风系统通风设备的选择。

(5)查看排除有燃烧或爆炸危险气体、蒸气和粉尘的排风系统设置情况。

(6)查看排除和输送温度超过80 ℃的空气或其他气体以及易燃碎屑管道的防热隔热措施

• 查验设备及工具

直观检查、卷尺

• 重要程度

(1)B、(2)B、(3)A、(4)B、(5)A、(6)B

【学习卡四】防火阀设置

• 相关规范条文

《建筑设计防火规范》GB 50016—2014(2018年版)的9.3.1条、9.3.11条、9.3.12条

• 查验要求

(1)通风、空气调节系统的风管在下列部位应设置公称动作温度为70 ℃的防火阀:①穿越防火分区处;②穿越通风、空气调节机房的房间隔墙和楼板处;③穿越重要或火灾危险性大的场所的房间隔墙和楼板处;④穿越防火分隔处的变形缝两侧;⑤竖向风管与每层水平风管交接处的水平管段上。

(2)公共建筑的浴室、卫生间和厨房的竖向排风管,应采取防回流措施并宜在支管上设置公称动作温度为70 ℃的防火阀。公共建筑内厨房的排油烟管道宜按防火分区设置,且在与竖向排风管连接的支管处应设置公称动作温度为150 ℃的防火阀

• 查验方法

(1)查看穿越防火分区、穿越机房处、穿越变形缝处、竖向风管与水平风管交接处防火阀设置情况。

(2)查看公共建筑的浴室、卫生间和厨房的竖向排风管公称动作温度为70 ℃、150 ℃的防火阀设置

• 查验数量要求

(1)穿越防火分区、穿越机房处、穿越变形缝处全数查验,穿越竖向风管与水平风管交接处按5%的比例查验。

(2)公共建筑的浴室、卫生间的竖向排风管防火阀,公共建筑的厨房排油烟管道防火阀每个系统按5%的比例查验

• 查验设备及工具

直观检查

• 重要程度

(1)A、(2)B

【学习卡五】风管、绝热材料、加湿材料、消声材料及其黏结剂燃烧性能

• 相关规范条文

《建筑设计防火规范》GB 50016—2014(2018年版)的9.3.14条、9.3.15条

• 查验要求

(1)除下列情况外,通风、空气调节系统的风管应采用不燃材料:①接触腐蚀性介质的风管和柔性接头可采用难燃材料;②体育馆、展览馆、候机(车、船)建筑(厅)等大空间建筑,单、多层办公建筑和丙、丁、戊类厂房内通风、空气调节系统的风管,当不跨越防火分区且在穿越房间隔墙处设置防火阀时,可采用难燃材料。

(2)风管内设置电加热器时,电加热器的开关应与风机的启停联锁控制。电加热器前后各0.8 m范围内的风管和穿过有高温、火源等容易起火房间的风管,均应采用不燃材料

• 查验方法

(1)查看通风、空气调节系统的风管材料。

(2)查看风管电加热器的设置情况及前后 0.8 m 范围内风管的燃烧性能;查看穿过有高温、火源等容易起火房间的风管燃烧性能

• 查验数量要求	• 查验设备及工具	• 重要程度
每个系统按 5% 的比例查验	直观检查、卷尺	B

【学习卡六】燃油或燃气锅炉房通风设施

• 相关规范条文	• 查验方法
《建筑设计防火规范》GB 50016—2014(2018 年版)的 9.3.16 条	查看燃油或燃气锅炉房通风设施设置情况;查看机械通风设施设置导除静电的接地装置情况;采用风速仪测量、计算锅炉房的通风量

• 查验要求

燃油或燃气锅炉房应设置自然通风或机械通风设施。燃气锅炉房应选用防爆型的事故排风机。当采取机械通风时,机械通风设施应设置导除静电的接地装置,通风量应符合下列规定:①燃油锅炉房的正常通风量应按换气次数不少于 3 次/h 确定,事故排风量应按换气次数不少于 6 次/h 确定;②燃气锅炉房的正常通风量应按换气次数不少于 6 次/h 确定,事故排风量应按换气次数不少于 12 次/h 确定

• 查验数量要求	• 查验设备及工具	• 重要程度
全数查验	风速仪	A

四、任务分配

进行某建筑通风与空气调节系统防火的消防查验的任务分配。

消防查验任务分工表

查验单位 (班级)	

续表

查验人员	姓名	执业资格或 专业技术资格	职务	任务分工
查验负责人 （组长）				
项目组成员 （组员）				

五、自主探学

根据任务分工，自主填写消防现场查验原始记录表。

消防现场查验原始记录表

项目名称				涉及阶段	□施工实施阶段 □竣工验收阶段	
日期				查验次数	第　次	
序号	所属分部工程	查验内容	查验位置	现场情况	问题描述	备注
1						
2						
3						
设备仪器：						

六、合作研学

小组交流，教师指导，填写通风与空气调节系统防火概况及查验数量一览表。

通风与空气调节系统防火概况及查验数量一览表

通风与空气调节系统防火概况					
名称	安装数量	设置位置	查验抽样数量要求	查验抽样数量	查验位置
除尘器			全数查验		
过滤器			全数查验		
泄压装置			全数查验		
通风与空气调节系统的防火阀			穿越防火分区、穿越机房处、穿越变形缝处全数查验，竖向风管与水平风管交接处按5%的比例查验		

续表

名称	安装数量	设置位置	查验抽样数量要求	查验抽样数量	查验位置
公共建筑的浴室、卫生间的竖向排风管防火阀			每个系统按5%的比例查验		
公共建筑的厨房排油烟管道防火阀			每个系统按5%的比例查验		
通风、空气调节系统的风管材料			每个系统按5%的比例查验		
设备和风管的绝热材料、加湿器加湿材料、消声材料及其黏结剂燃烧性能			每个系统按5%的比例查验		
燃油或燃气锅炉房通风设施			全数查验		

七、展示赏学

小组合作完成通风与空气调节系统防火查验情况汇总表的填写,每个小组推荐一名组员分享汇报查验情况和结论。

通风与空气调节系统防火查验情况汇总表

<table>
<tr><td colspan="2">工程名称</td><td colspan="7"></td></tr>
<tr><td rowspan="2">序号</td><td rowspan="2">查验项目名称</td><td rowspan="2">查验标准</td><td rowspan="2">查验内容及方法</td><td colspan="4">查验结果</td></tr>
<tr><td>查验情况</td><td>重要程度</td><td>结论</td><td>备注</td></tr>
<tr><td rowspan="3">1</td><td rowspan="3">通风与空气调节系统设置</td><td rowspan="3">符合经审查合格的消防设计文件要求</td><td>查看甲、乙类厂房及物质储存场所内的空气是否循环使用;测量含有燃烧或爆炸危险粉尘、纤维的空气浓度及易燃易爆气体或蒸气浓度</td><td>□ 循环使用
□ 不循环使用
空气中的含尘浓度测量值:________
□ 低于其爆炸下限的25%
□ 高于其爆炸下限的25%</td><td>A</td><td></td><td></td></tr>
<tr><td>查看甲、乙类厂房服务的送风设备与排风设备布置位置</td><td>□ 设置于专用排风机房内
□ 与其他房间的送风、排风机共用房间</td><td>A</td><td></td><td></td></tr>
<tr><td>查看民用建筑内空气中含有容易起火或爆炸危险物质的房间通风与空气调节系统设置情况</td><td>□ 自然通风,通风口尺寸:________
□ 独立的机械通风设施,且不循环使用</td><td>A</td><td></td><td></td></tr>
</table>

续表

序号	查验项目名称	查验标准	查验内容及方法	查验结果			
				查验情况	重要程度	结论	备注
2	除尘器设置	符合经审查合格的消防设计文件要求	查看含有燃烧和爆炸危险粉尘的空气的处理措施	除尘器的类型：________	A		
			查看处理有爆炸危险粉尘的除尘器、排风机的设置情况	□ 与其他普通型的风机、除尘器分开设置 □ 与其他普通型的风机、除尘器合用	B		
3	排风系统设置	符合经审查合格的消防设计文件要求	查看当空气中含有比空气轻的可燃气体时，水平排风管坡度	□ 顺气流方向向上坡度敷设：________位置 □ 逆着气流方向敷设	B		
			查看可燃气体管道和甲、乙、丙类液体管道敷设情况	□ 未穿过通风机房和通风管道敷设，且未紧贴通风管道外壁敷设 □ 穿过通风机房和通风管道敷设	B		
			查看厂房内有爆炸危险场所的排风管道敷设情况	□ 未穿过防火墙和有爆炸危险的房间隔墙 □ 穿过防火墙和有爆炸危险的房间隔墙	A		
			查看空气中含有易燃、易爆危险物质的房间，其送、排风系统通风设备的选择	□ 采用防爆型的通风设备 □ 采用普通型的通风设备，布置在单独机房内且干管上设置防止回流设施 □ 采用普通型的通风设备	B		
			查看排除有燃烧或爆炸危险气体、蒸气和粉尘的排风系统设置情况	□ 设有导除静电的接地装置，未布置在地下或半地下建筑(室)内 □ 排风管道采用金属管道明敷，直接通室外 □ 排风管道采用非金属管道暗敷，未直接通向室外	A		

续表

序号	查验项目名称	查验标准	查验内容及方法	查验结果			
				查验情况	重要程度	结论	备注
3	排风系统设置	符合经审查合格的消防设计文件要求	查看排除和输送温度超过80 ℃的空气或其他气体以及易燃碎屑管道的防热隔热措施	□ 与可燃或难燃物体之间的间隙大于150 mm □ 与可燃或难燃物体之间的间隙小于150 mm,采用厚度不小于50 mm的不燃材料隔热 □ 表面温度较高管道布置在上面 □ 表面温度较高管道布置在下面	B		
4	防火阀设置	符合经审查合格的消防设计文件要求	查看穿越防火分区、穿越机房处、穿越变形缝处、竖向风管与水平风管交接处防火阀设置情况	□ 穿防火分区处防火阀的设置情况:________,其公称动作温度________℃ □ 穿越机房处防火阀的设置情况:________,其公称动作温度________℃ □ 穿越变形缝处防火阀的设置情况:________,其公称动作温度________℃ □ 竖向风管与水平风管交接处防火阀的设置情况:________,其公称动作温度________℃	A		
			查看公共建筑的浴室、卫生间和厨房的竖向排风管公称动作温度为70 ℃、150 ℃的防火阀设置	□ 公共建筑的浴室竖向排风管防火阀设置情况:在________位置设有防止回流措施,防火阀公称动作温度________℃ □ 公共建筑的卫生间竖向排风管防火阀设置情况:在________位置设有防止回流措施,防火阀公称动作温度________℃ □ 公共建筑的厨房竖向排风管防火阀设置情况:在________位置设有防止回流措施,防火阀公称动作温度________℃	B		

续表

序号	查验项目名称	查验标准	查验内容及方法	查验结果			
				查验情况	重要程度	结论	备注
5	风管、绝热材料、加湿材料、消声材料及其黏结剂燃烧性能	符合经审查合格的消防设计文件要求	查看通风、空气调节系统的风管材料	□ 接触腐蚀性介质的风管和柔性接头采用难燃材料，设置在________位置 □ 高大空间的风管的燃烧性能：________ □ 单、多层办公建筑风管的燃烧性能：________ □ 丙、丁、戊类厂房风管的燃烧性能：________	B		
			查看风管电加热器的设置情况及前后 0.8 m 范围内风管的燃烧性能；查看穿过有高温、火源等容易起火房间的风管燃烧性能	□ 风管内设置有电加热器，可与风机的启停联锁控制 □ 电加热器前后各 0.8 m 范围内的风管燃烧性能：________ □ 穿过有高温、火源等容易起火房间的风管燃烧性能：________	B		
6	燃油或燃气锅炉房通风设施	符合经审查合格的消防设计文件要求	查看燃油或燃气锅炉房通风设施设置情况；查看机械通风设施设置导除静电的接地装置情况；采用风速仪测量、计算锅炉房的通风量	□ 设置自然通风，开口面积：________ □ 设置机械通风设施 □ 燃气锅炉房机械通风设施设置情况：________ □防爆型的事故排风机，设置有导除静电的接地装置 □ 燃油锅炉房通风量：________ □ 燃气锅炉房通风量：________	A		
查验结论			□合格	□不合格			

任务三　供暖系统防火查验

一、任务描述

供暖系统是建筑物中常见的设备之一,可以调节室内温度和提供热水,满足人们的生活和工作需要。但是,供暖系统也存在一定的消防隐患,如果设计、施工或使用不当,可能导致火灾的发生和扩散,造成人员伤亡和财产损失。因此,对供暖系统进行消防查验是非常必要的。本任务旨在让学习者了解供暖系统防火检查的基本要求和检查方法,掌握如何对建设工程的供暖系统进行有效查验。

二、任务目标

(一)知识目标

(1)了解供暖系统防火检查的相关标准,掌握供暖系统防火检查的基本步骤和规范。

(2)熟悉供暖系统的组成、性能、在不同场所使用的管道材料。

(3)了解供暖系统防火检查的检查方法、要求、检查仪器和重要程度。

(二)能力目标

(1)能够制定合理有效的供暖系统防火检查计划,并判断是否符合检查规范。

(2)能够识别供暖系统中存在的潜在火灾隐患,发现并记录存在的问题和缺陷。

(3)能够采取适当的措施预防和消除供暖系统中可能引发火灾的因素。

(4)能够提出建设工程供暖系统防火检查的整改建议和措施,编制建设工程消防查验报告。

(三)素质目标

(1)培养消防查验工作人员对消防查验工作的责任意识和安全意识,提高工作人员对消防安全管理的重视程度。

(2)增强消防查验工作人员的团队合作意识,学会与相关人员协同工作,共同确保消防系统的安全。

(3)培养消防查验工作人员对消防查验工作的应急处理能力,在发生突发情况时能够迅速做出正确反应并采取相应措施。

三、相关知识链接

【学习卡一】散热器防火

• 相关规范条文

《建筑设计防火规范》GB 50016—2014(2018年版)的9.2.1条,《建筑防火通用规范》GB 55037—2022的9.2.1条

• 查验方法

直观检查、查看型式检验报告

• 查验要求

(1)在散发可燃粉尘、纤维的厂房内,散热器表面平均温度不应超过82.5 ℃。输煤廊的散热器表面平均温度不应超过130 ℃。

(2)甲、乙类火灾危险性场所内不应采用明火、燃气红外线辐射供暖。存在粉尘爆炸危险性的场所内不应采用电热散热器供暖。在储存或产生可燃气体或蒸气的场所内使用的电热散热器及其连接器,应具备相应的防爆性能

• 查验数量要求

全数查验

• 查验设备及工具

直观检查、测温装置

• 重要程度

(1)B、(2)A

【学习卡二】供暖管道防火

• 相关规范条文

《建筑设计防火规范》GB 50016—2014(2018年版)的9.2.4条～9.2.6条,《建筑防火通用规范》GB 55037—2022的9.2.2条

• 查验方法

直观检查、采用仪表及卷尺测量

• 查验要求

(1)下列厂房应采用不循环使用的热风供暖:① 生产过程中散发的可燃气体、蒸气、粉尘或纤维,与供暖管道、散热器表面接触能引起燃烧的场所;②生产过程中散发的粉尘受到水、水蒸气作用会引起自燃、爆炸或产生爆炸性气体的场所。

(2)供暖管道不应穿过存在与供暖管道接触能引起燃烧或爆炸的气体、蒸气或粉尘的房间,确需穿过时,应采用不燃材料隔热。

(3)供暖管道与可燃物之间应保持一定距离,并应符合下列规定:①当供暖管道的表面温度大于100 ℃时,不应小于100 mm或采用不燃材料隔热;②当供暖管道的表面温度不大于100 ℃时,不应小于50 mm或采用不燃材料隔热。

(4)建筑内供暖管道和设备的绝热材料应符合下列规定:①对于甲、乙类厂房(仓库),应采用不燃材料;②对于其他建筑,宜采用不燃材料,不得采用可燃材料

•查验数量要求	•查验设备及工具	•重要程度
按场所查验5%	直观检查、测温装置、卷尺	(1)A、(2)B、(3)B、(4)B

四、任务分配

进行某建筑室内供暖系统防火的消防查验的任务分配。

消防查验任务分工表

查验单位 (班级)				
查验人员	姓名	执业资格或 专业技术资格	职务	任务分工
查验负责人 (组长)				
项目组成员 (组员)				

五、自主探学

根据任务分工,自主填写消防现场查验原始记录表。

消防现场查验原始记录表

项目名称				涉及阶段	□施工实施阶段 □竣工验收阶段	
日期				查验次数	第　次	
序号	所属分部工程	查验内容	查验位置	现场情况	问题描述	备注
1						
2						
3						
设备仪器:						

六、合作研学

小组交流,教师指导,填写室内供暖系统防火概况及查验数量一览表。

室内供暖系统防火概况及查验数量一览表

<table>
<tr><td>室内供暖系统
防火概况</td><td colspan="5"></td></tr>
<tr><td>名称</td><td>安装数量</td><td>设置位置</td><td>查验抽样数量要求</td><td>查验抽样数量</td><td>查验位置</td></tr>
<tr><td>散热器</td><td></td><td></td><td>全数查验</td><td></td><td></td></tr>
<tr><td>供暖管道穿越特殊场所时隔热措施</td><td></td><td></td><td>按场所查验 5%</td><td></td><td></td></tr>
<tr><td>供暖管道与可燃物之间的距离</td><td></td><td></td><td>按场所查验 5%</td><td></td><td></td></tr>
<tr><td>供暖管道和设备的绝热材料的燃烧性能</td><td></td><td></td><td>按场所查验 5%</td><td></td><td></td></tr>
</table>

七、展示赏学

小组合作完成室内供暖系统防火查验情况汇总表的填写，每个小组推荐一名组员分享汇报查验情况和结论。

室内供暖系统防火查验情况汇总表

<table>
<tr><td colspan="2">工程名称</td><td colspan="7"></td></tr>
<tr><td rowspan="2">序号</td><td rowspan="2">查验项目名称</td><td colspan="3">查验内容</td><td colspan="4">查验结果</td></tr>
<tr><td>查验标准</td><td>查验要求</td><td>查验方法</td><td>查验情况</td><td>重要程度</td><td>结论</td><td>备注</td></tr>
<tr><td rowspan="2">1</td><td rowspan="2">散热器防火</td><td rowspan="2">符合经审查合格的消防设计文件要求</td><td>测量在散发可燃粉尘、纤维的厂房内，散热器表面平均温度；输煤廊的散热器表面平均温度</td><td>仪表测量</td><td>□ 可燃粉尘、纤维厂房散热器表面平均温度实测值：________，不应超过 82.5 ℃
□ 输煤廊的散热器表面平均温度实测值：________，不应超过 130 ℃</td><td>B</td><td></td><td></td></tr>
<tr><td>查看甲、乙类厂房（仓库）供暖设施</td><td>直观检查</td><td>□ 明火供暖
□ 电热散热器供暖
□ 其他供暖设施：________</td><td>A</td><td></td><td></td></tr>
</table>

续表

序号	查验项目名称	查验内容			查验结果			
		查验标准	查验要求	查验方法	查验情况	重要程度	结论	备注
2	供暖管道防火	符合经审查合格的消防设计文件要求	查看生产过程中散发的可燃气体、蒸气、粉尘或纤维,与供暖管道、散热器表面接触能引起燃烧的厂房的供暖方式	直观检查	□ 采用不循环使用的热风供暖 □ 采用循环使用的热风供暖	A		
			查看生产过程中散发的粉尘受到水、水蒸气作用能引起自燃、爆炸或产生爆炸性气体的厂房的供暖方式	直观检查	□ 采用不循环使用的热风供暖 □ 采用循环使用的热风供暖	A		
			查看供暖管道敷设情况	直观检查	□ 不穿过存在与供暖管道接触能引起燃烧或爆炸的气体、蒸气或粉尘的房间 □ 穿过存在与供暖管道接触能引起燃烧或爆炸的气体、蒸气或粉尘的房间时,采用不燃材料隔热	B		
			查看供暖管道与可燃物之间的防火距离及隔热措施	直观检查,采用仪表及卷尺测量	□ 供暖管道的表面温度大于100 ℃,防火距离不小于100 mm □ 供暖管道的表面温度大于100 ℃时,采用不燃材料隔热 □ 供暖管道的表面温度不大于100 ℃,防火距离不小于50 mm □ 供暖管道的表面温度不大于100 ℃时,采用不燃材料隔热	B		
			建筑内供暖管道和设备的绝热材料燃烧性能	直观检查	□ 甲、乙类厂房(仓库),建筑内供暖管道和设备的绝热材料采用不燃材料 □ 其他建筑,采用不燃材料 □ 其他建筑,采用可燃材料	B		
查验结论		□ 合格			□ 不合格			

模块六　其他建筑消防系统查验

任务一　防火卷帘、防火门、防火窗查验

一、任务描述

防火卷帘、防火门、防火窗广泛应用于工业与民用建筑的防火隔断区，能有效地阻止火势蔓延，保障生命财产安全，是现代建筑中不可缺少的防火设施。

防火卷帘：主要用于需要进行防火分隔的墙体，特别是防火墙、防火隔墙上因生产、使用等需要开设较大开洞口而又无法设置防火门时的防火分隔。

防火门：指在一定时间内能满足耐火稳定性、完整性和隔热性要求的门。它是设在防火分区间、疏散楼梯间、垂直竖井等具有一定耐火性的防火分隔物，在房屋建筑中用于隔离火源，对于消防工作来说有着巨大的作用，一旦发生火灾人们可以通过防火门来获取逃生机会。

防火窗：指在一定时间内，连同框架能满足耐火稳定性和耐火完整性要求的窗。在防火间距不足的两栋建筑物外墙上，或在被防火墙分隔的空间之间，需要采光和通风时，应当设置防火窗。

本任务旨在让学习者了解防火卷帘、防火门、防火窗设置的基本要求和检查方法，掌握如何对建设工程中的防火卷帘、防火门、防火窗进行有效查验。

二、任务目标

(一)知识目标

(1)了解防火卷帘、防火门、防火窗设置的相关标准，掌握其安装质量的基本要求。

(2)熟悉防火卷帘、防火门、防火窗的常见类型、性能和控制。

(3)了解防火卷帘、防火门、防火窗的检查方法、检查内容和检查标准。

(二)能力目标

(1)能够分析建设工程的防火卷帘、防火门、防火窗的设计内容和施工图纸，判断其是

否符合消防安全要求。

(2)能够检查建设工程防火卷帘、防火门、防火窗的安装现场情况,发现并记录存在的问题和缺陷。

(3)能够测试建设工程防火卷帘、防火门、防火窗的性能、控制和联动,评价其是否达到设计、规范、标准的安装质量和系统控制要求。

(4)能够提出建设工程防火卷帘、防火门、防火窗的整改建议和措施,完成建设工程消防查验报告的防火卷帘、防火门、防火窗内容编制。

(三)素质目标

(1)提高消防查验工作人员对建设过程中消防系统建设标准化意识,培养规范的职业精神。

(2)培养消防查验工作人员在建设过程中对消防工程评价的客观性和公正性。

(3)培养消防查验工作人员对消防查验工作数字化、智慧化素养,提高其对消防查验问题分析和解决的效率。

三、相关知识链接

【学习卡一】防火卷帘、防火门、防火窗的设置

• 相关规范条文	• 查验要求
《防火卷帘、防火门、防火窗施工及验收规范》GB 50877—2014 的 7.2.1 条、7.3.1 条、7.4.1 条	(1)防火卷帘的型号、规格、数量、安装位置等应符合设计要求。 (2)防火门的型号、规格、数量、安装位置等应符合设计要求。 (3)防火窗的型号、规格、数量、安装位置等应符合设计要求
• 查验方法	**• 查验数量要求**
(1)防火卷帘:对照设计图纸直观检查。 (2)防火门:直观检查;对照设计文件查看。 (3)防火窗:直观检查;对照设计文件查看	(1)防火卷帘:全数查验。 (2)防火门:全数查验。 (3)防火窗:全数查验
• 查验设备及工具	**• 重要程度**
(1)防火卷帘:直观检查。 (2)防火门:直观检查。 (3)防火窗:直观检查	B

【学习卡二】防火卷帘安装质量

• 相关规范条文

《防火卷帘、防火门、防火窗施工及验收规范》GB 50877—2014 的 5.2.1 条～5.2.13 条、7.2.2 条

• 查验数量要求

全数查验

• 查验方法

(1)直观检查。

(2)直观检查;对照设计图纸检查;手动试验;直尺测量;钢卷尺测量。

(3)直观检查。

(4)直观检查;对照设计、施工文件检查。

(5)直观检查。

(6)直观检查;查看防护罩的检查报告。

(7)直观检查;对照设计图纸和产品说明书检查。

(8)直观检查;查看封堵材料的检查报告。

(9)直观检查;尺量检查。

(10)直观检查;检查设计、施工文件;尺量检查。

(11)对照设计、施工图纸检查;尺量检查。

(12)对照设计、施工文件检查

• 查验要求

(1)防火卷帘帘板(面)安装应符合下列规定:①钢质防火卷帘相邻帘板串接后应转动灵活;②钢质防火卷帘的帘板装配完毕后应平直,不应有孔洞或缝隙;③钢质防火卷帘帘板两端挡板或防窜机构应装配牢固;④无机纤维复合防火卷帘帘面两端应安装防风钩;⑤无机纤维复合防火卷帘帘面应通过固定件与卷轴相连。

(2)导轨安装应符合下列规定:①防火卷帘帘板或帘面嵌入导轨的深度应符合《防火卷帘、防火门、防火窗施工及验收规范》GB 50877—2014 表 5.2.2 的规定,且卷帘安装后不应变形;②导轨顶部应呈圆弧形,其长度应保证卷帘正常运行;③导轨的滑动面应光滑、平直,帘片或帘面、滚轮在导轨内运行时应平稳顺畅,不应有碰撞和冲击现象;④防火卷帘的导轨应安装在建筑结构上,并应采用预埋螺栓、焊接或膨胀螺栓连接。

(3)座板安装应符合下列规定:①座板与地面应平行,接触应均匀,座板与帘板或帘面之间的连接应牢固;②无机复合防火卷帘的座板应保证帘面下降顺畅,并应保证帘面具有适当悬垂度。

(4)门楣安装应符合下列规定:①门楣安装应牢固;②门楣内的防烟装置与卷帘帘板或帘面表面应均匀紧密贴合。

(5)卷门机安装应符合下列规定:卷门机应设有手动拉链和手动速放装置,其安装位置应便于操作,并应有明显标志。手动拉链和手动速放装置不应加锁,且应采用不燃或难燃材料制作。

(6)防护罩(箱体)安装应符合下列规定:①防护罩尺寸的大小应与防火卷帘洞口宽度和卷帘卷起后的尺寸相适应,并应保证卷帘卷满后与防护罩仍保持一定的距离,不应相互碰撞;②防护罩靠近卷门机处,应留有检修口;③防护罩的耐火性能应与防火卷帘相同。

(7)温控释放装置的安装位置应符合设计和产品说明书的要求。

(8)防火卷帘、防护罩等与楼板、梁和墙、柱之间的空隙,应采用防火封堵材料等封堵,封堵部位的耐火极限不应低于防火卷帘的耐火极限。

(9)防火卷帘控制器安装应符合下列规定:①防火卷帘的控制器和手动按钮盒应分别安装在防火卷帘内外两侧的墙壁上,当卷帘一侧为无人场所时,可安装在一侧墙壁上,且应符合设计要求,控制器和手动按钮盒应安装在便于识别的位置,且应标出上升、下降、停止等功能;②防火卷帘控制器及手动按钮盒的安装应牢固可靠,其底边距地面高度宜为 1.3~1.5 m。

(10)与火灾自动报警系统联动的防火卷帘,其火灾探测器和手动按钮盒的安装应符合下列规定:①防火卷帘两侧均应安装火灾探测器组和手动按钮盒,当防火卷帘一侧为无人场所时,防火卷帘有人侧应安装火灾探测器组和手动按钮盒;②用于联动防火卷帘的火灾探测器的类型、数量及其间距应符合现行国家标准《火灾自动报警系统设计规范》GB 50116—2013 的有关规定。

(11)用于保护防火卷帘的自动喷水灭火系统的管道、喷头、报警阀等组件的安装,应符合现行国家标准《自动喷水灭火系统施工及验收规范》GB 50261—2017 的有关规定。

(12)防火卷帘电气线路的敷设安装,除应符合设计要求外,尚应符合现行国家标准《建筑设计防火规范》GB 50016——2014 的有关规定

• 查验设备及工具

直观检查、钢卷尺、测距仪、卷尺、直尺

• 重要程度

B

【学习卡三】防火门安装质量

• 相关规范条文

《防火卷帘、防火门、防火窗施工及验收规范》GB 50877—2014 的 5.3.1 条~5.3.12 条、7.3.2 条

• 查验数量要求

居住建筑户型内按实际数量 5%的比例查验,且查验总数不应少于 20 樘;其余全数查验

• 查验方法

(1)直观检查。

(2)直观检查。

(3)直观检查。

(4)直观检查;按设计图纸、施工文件检查。

(5)直观检查;查看设计图纸。

(6)直观检查。

(7)直观检查。

(8)对照设计图纸、施工文件检查;尺量检查。

(9)使门扇处于关闭状态,用工具在门扇与门框相交的左边、右边和上边的中部画线作出标记,用钢板尺测量。

(10)使门扇处于关闭状态,用塞尺测量其活动间隙。

(11)直观检查;手动试验。

(12)用测力计测试

• 查验要求

(1)除特殊情况外,防火门应向疏散方向开启,防火门在关闭后应可以从任何一侧手动开启。

(2)常闭防火门应安装闭门器,双扇和多扇防火门应安装顺序器。

(3)常开防火门应安装火灾时能自动关闭门扇的控制、信号反馈装置和现场手动控制装置,且应符合产品说明书要求。

(4)防火门电动控制装置的安装应符合设计和产品说明书要求。

(5)防火插销应安装在双扇门或多扇门相对固定一侧的门扇上。

(6)防火门门框与门扇、门扇与门扇的缝隙处嵌装的防火密封件应牢固、完好。

(7)设置在变形缝附近的防火门,应安装在楼层数较多的一侧,且门扇开启后不应跨越变形缝。

(8)钢质防火门门框内应充填水泥砂浆。

(9)防火门门扇与门框的搭接尺寸不应小于 12 mm。

(10)防火门门扇与门框的配合活动间隙应符合下列规定:①门扇与上框的配合活动间隙不应大于 3 mm;②双扇、多扇门的门扇之间缝隙不应大于 3 mm;③门扇与下框或地面的活动间隙不应大于 9 mm;④门扇与门框贴合面间隙、门扇与门框有合页一侧、有锁一侧及上框的贴合面间隙,均不应大于 3 mm。

(11)防火门安装完成后,其门扇应启闭灵活,并应无反弹、翘角、卡阻和关闭不严现象。

(12)除特殊情况外,防火门门扇的开启力不应大于 80 N

• 查验设备及工具

直观检查、卷尺、直尺、测力计

• 重要程度

B

【学习卡四】防火窗安装质量

• 相关规范条文

《防火卷帘、防火门、防火窗施工及验收规范》GB 50877—2014 的 5.4.1 条～5.4.4 条、7.4.2 条

• 查验数量要求

按实际数量 5%的比例查验,且查验总数不应少于 20 扇

• 查验要求

(1)有密封要求的防火窗,其窗框密封槽内镶嵌的防火密封件应牢固、完好。

(2)钢质防火窗窗框内应充填水泥砂浆。

(3)活动式防火窗窗扇启闭控制装置的安装应符合设计和产品说明书要求,并应位置明显,便于操作。

(4)活动式防火窗应装配火灾时能控制窗扇自动关闭的温控释放装置。温控释放装置的安装应符合设计和产品说明书要求

• 查验方法

(1)直观检查。

(2)对照设计图纸、施工文件检查;尺量检查。

(3)直观检查;手动试验。

(4)直观检查;按设计图纸、施工文件检查

• 查验设备及工具

直观检查、卷尺

• 重要程度

B

【学习卡五】防火卷帘系统功能

• 相关规范条文

《防火卷帘、防火门、防火窗施工及验收规范》GB 50877—2014 的 6.2.1 条～6.2.3 条、7.2.3 条

• 查验数量要求

全数查验

• 查验方法

(1)①直观检查。②切断防火卷帘控制器的主电源,观察电源工作指示灯变化情况和防火卷帘是否发生误动作。再切断卷门机主电源,使用备用电源供电,使防火卷帘控制器工作 1 h,用备用电源启动速放控制装置,观察防火卷帘动作、运行情况。③使火灾探测器组发出火灾报警信号,观察防火卷帘控制器的声、光报警情况。④任意断开电源一相或对调电源的任意两相,手动操作防火卷帘控制器按钮,观察防火卷帘动作情况及防火卷帘控制器报警情况。断开火灾探测器与防火卷帘控制器的连接线,观察防火卷帘控制器报警情况。⑤分别使火灾探测器组发出半降、全降信号,观察防火卷帘控制器声、光报警和防火卷帘动作、运行情况以及消防控制室防火卷帘动作状态信号显示情况。⑥手动试验。⑦切断卷门机电源,按下防火卷帘控制器下降按钮,观察防火卷帘动作、运行情况。

(2)①直观检查,拉动手动拉链,观察防火卷帘动作、运行情况。②手动试验,拉动手动速放装置,观察防火卷帘动作情况,用弹簧测力计或砝码测量其启动下降臂力。③启动卷门机,运行一定时间后,关闭卷门机,用直尺测量重复定位误差。

(3)①手动检查;用钢卷尺测量双帘面卷帘的两个帘面之间的高度差。②在防火卷帘运行中,用声级计在距卷帘表面垂直距离 1 m、距地面垂直距离 1.5 m 处,水平测量三次,取其平均值。③切断电源,加热温控释放装置,使其感温元件动作,观察防火卷帘动作情况。试验前,应准备备用的温控释放装置,试验后,应重新安装

• 查验要求

(1)防火卷帘控制器应进行通电功能、备用电源、火灾报警功能、故障报警功能、自动控制功能、手动控制功能和自重下降功能查验,并应符合下列要求。①防火卷帘控制器应处于正常工作状态。②控制器应有主、备用电源转换功能。主、备用电源的工作状态应有指示,主、备用电源的转换不应使防火卷帘控制器发生误动作。备用电源的电池容量应保证防火卷帘控制器在备用电源供电条件下能正常可靠工作 1 h,并应提供控制器控制卷门机速放控制装置完成卷帘自重垂降,控制卷帘降至下限位所需的电源。③火灾报警功能。防火卷帘控制器应直接或间接地接收来自火灾探测器组发出的火灾报警信号,并应发出声、光报警信号。④故障报警功能。防火卷帘控制器的电源缺相或相序有误,以及防火卷帘控制器与火灾探测器之间的连接线断线或发生故障,防火卷帘控制器

均应发出故障报警信号。⑤自动控制功能。当防火卷帘控制器接收到火灾报警信号后，应输出控制防火卷帘完成相应动作的信号，并应符合下列要求：a.控制分隔防火分区的防火卷帘由上限位自动关闭至全闭；b.防火卷帘控制器接收到感烟火灾探测器的报警信号后，控制防火卷帘自动关闭至中位（1.8 m）处停止，接收到感温火灾探测器的报警信号后，继续关闭至全闭；c.防火卷帘半降、全降的动作状态信号应反馈到消防控制室。⑥手动控制功能。手动操作防火卷帘控制器上的按钮和手动按钮盒上的按钮，可控制防火卷帘的上升、下降、停止。⑦自重下降功能。应将卷门机电源设置于故障状态，防火卷帘应能在防火卷帘控制器的控制下，依靠自重下降至全闭。

（2）防火卷帘用卷门机的查验应符合下列规定。①卷门机手动操作装置（手动拉链）应灵活、可靠，安装位置应便于操作。使用手动操作装置（手动拉链）操作防火卷帘启、闭运行时，不应出现滑行撞击现象。②卷门机应具有电动启闭和依靠防火卷帘自重恒速下降（手动速放）的功能。启动防火卷帘自重下降（手动速放）的臂力不应大于 70 N。③卷门机应设有自动限位装置，当防火卷帘启、闭至上、下限位时，应自动停止，其重复定位误差应小于 20 mm。

（3）防火卷帘运行功能的查验应符合下列规定。①防火卷帘装配完成后，帘面在导轨内运行应平稳，不应有脱轨和明显的倾斜现象。双帘面卷帘的两个帘面应同时升降，两个帘面之间的高度差不应大于 50 mm。②防火卷帘启、闭运行的平均噪声不应大于 85 dB。③安装在防火卷帘上的温控释放装置动作后，防火卷帘应自动下降至全闭

• 查验设备及工具

直观检查、钢卷尺、测距仪、卷尺、弹簧测力计、声级计、加烟/温测试装置

• 重要程度

B

【学习卡六】防火门控制功能

• 相关规范条文

《防火卷帘、防火门、防火窗施工及验收规范》GB 50877—2014 的 6.3.1 条～6.3.4 条、7.3.3 条

• 查验数量要求

按实际数量 5%的比例查验，且查验总数不应少于 20 扇。

• 查验要求

（1）常闭防火门，从门的任意一侧手动开启后，应自动关闭。当装有信号反馈装置时，开、关状态信号应反馈到消防控制室。

（2）常开防火门，其任意一侧的火灾探测器报警后，应自动关闭，并应将关闭信号反馈至消防控制室。

（3）常开防火门，接到消防控制室手动发出的关闭指令后，应自动关闭，并应将关闭信号反馈至消防控制室。

（4）常开防火门，接到现场手动发出的关闭指令后，应自动关闭，并应将关闭信号反馈至消防控制室

• 查验方法

(1)手动试验。

(2)用专用测试工具,使常开防火门一侧的火灾探测器发出模拟火灾报警信号,观察防火门动作情况及消防控制室信号显示情况。

(3)在消防控制室启动防火门关闭功能,观察防火门动作情况及消防控制室信号显示情况。

(4)现场手动启动防火门关闭装置,观察防火门动作情况及消防控制室信号显示情况

• 查验设备及工具

直观检查、加烟/温试验装置

• 重要程度

B

【学习卡七】活动式防火窗控制功能

• 相关规范条文

《防火卷帘、防火门、防火窗施工及验收规范》GB 50877—2014 的 6.4.1 条~6.4.4 条、7.4.3 条

• 查验数量要求

(1)全数查验。

(2)全数查验。

(3)全数查验。

(4)同一工程同类温控释放装置抽检 1~2 个

• 查验要求

(1)活动式防火窗,现场手动启动防火窗窗扇启闭控制装置时,活动窗扇应灵活开启,并应完全关闭,同时应无启闭卡阻现象。

(2)活动式防火窗,其任意一侧的火灾探测器报警后,应自动关闭,并应将关闭信号反馈至消防控制室。

(3)活动式防火窗,接到消防控制室发出的关闭指令后,应自动关闭,并应将关闭信号反馈至消防控制室。

(4)安装在活动式防火窗上的温控释放装置动作后,活动式防火窗应在 60 s 内自动关闭

• 查验方法

(1)手动试验。

(2)用专用测试工具,使活动式防火窗任一侧的火灾探测器发出模拟火灾报警信号,观察防火窗动作情况及消防控制室信号显示情况。

(3)在消防控制室启动防火窗关闭功能,观察防火窗动作情况及消防控制室信号显示情况。

(4)活动式防火窗安装并调试完毕后,切断电源,加热温控释放装置,使其热敏感元件动作,观察防火窗动作情况,用秒表测试关闭时间。试验前,应准备备用的温控释放装置,试验后,应重新安装

• 查验设备及工具

直观查看、卷尺、秒表、加烟/温试验装置

• 重要程度

B

四、任务分配

进行某建筑消防防火卷帘、防火门、防火窗的消防查验的任务分配。

消防查验任务分工表

查验单位（班级）				
查验人员	姓名	执业资格或专业技术资格	职务	任务分工
查验负责人（组长）				
项目组成员（组员）				

五、自主探学

根据任务分工，自主填写消防现场查验原始记录表。

消防现场查验原始记录表

项目名称				涉及阶段	□施工实施阶段 □竣工验收阶段	
日期				查验次数	第　次	
序号	所属分部工程	查验内容	查验位置	现场情况	问题描述	备注
1						
2						
3						
设备仪器：						

六、合作研学

小组交流，教师指导，填写防火卷帘、防火门、防火窗系统概况及查验数量一览表。

防火卷帘、防火门、防火窗系统概况及查验数量一览表

防火卷帘概况	
防火门概况	

续表

名称	安装数量	设置位置	查验数量抽样要求	查验抽样数量	查验位置
钢质防火卷帘			全数查验		
无机纤维复合防火卷帘			全数查验		
防火门			居住建筑户型内按实际数量5%的比例查验，且查验总数不应少于20樘；其余全数查验		
防火门监控器			按实际数量5%的比例查验，且查验总数不应少于20支		
防火窗			按实际数量5%的比例查验，且查验总数不应少于20扇		

七、展示赏学

小组合作完成防火卷帘、防火门、防火窗系统查验情况汇总表的填写，每个小组推荐一名组员分享汇报查验情况和结论。

防火卷帘、防火门、防火窗系统查验情况汇总表

工程名称								
序号	查验项目名称	GB 50877条款	查验内容		查验结果			
			查验要求	查验方法	查验情况	重要程度	结论	备注
1	防火卷帘设置	7.2.1	防火卷帘的型号、规格、数量、安装位置等应符合设计要求	对照设计图纸直观检查		B		
2	防火卷帘安装质量	7.2.2	防火卷帘施工安装质量的查验应符合《防火卷帘、防火门、防火窗施工及验收规范》GB 50877—2014第5.2节的规定	直观检查		B		

续表

序号	查验项目名称	GB 50877条款	查验内容		查验结果			
			查验要求	查验方法	查验情况	重要程度	结论	备注
3	防火卷帘系统功能	7.2.3	防火卷帘控制器应处于正常工作状态	直观检查		B		
			设有备用电源的防火卷帘，其控制器应有主、备用电源转换功能	切断防火卷帘控制器的主电源，观察电源工作指示灯变化情况和防火卷帘是否发生误动作		B		
			火灾报警功能。防火卷帘控制器应直接或间接地接收来自火灾探测器组发出的火灾报警信号，并应发出声、光报警信号	使火灾探测器组发出火灾报警信号，观察防火卷帘控制器的声、光报警情况		B		
			故障报警功能。防火卷帘控制器的电源缺相或相序有误，以及防火卷帘控制器与火灾探测器之间的连接线断线或发生故障，防火卷帘控制器均应发出故障报警信号	任意断开电源一相或对调电源的任意两相，手动操作防火卷帘控制器按钮，观察防火卷帘动作情况及防火卷帘控制器报警情况。断开火灾探测器与防火卷帘控制器的连接线，观察防火卷帘控制器报警情况		B		
			自动控制功能。当防火卷帘控制器接收到火灾报警信号后，应输出控制防火卷帘完成相应动作的信号：①控制分隔防火分区的防火卷帘由上限位自动关闭至全闭；②防火卷帘控制器接到感烟火灾探测器的报警信号后，控制防火卷帘自动关闭至中位（1.8 m）处停止，接到感温火灾探测器的报警信号后，继续关闭至全闭；③防火卷帘半降、全降的动作状态信号应反馈到消防控制室	分别使火灾探测器组发出半降、全降信号，观察防火卷帘控制器声、光报警和防火卷帘动作、运行情况以及消防控制室防火卷帘动作状态信号显示情况		B		

续表

序号	查验项目名称	GB 50877条款	查验内容		查验结果			
			查验要求	查验方法	查验情况	重要程度	结论	备注
3	防火卷帘系统功能	7.2.3	手动控制功能。手动操作防火卷帘控制器上和手动按钮盒上的按钮,可控制防火卷帘的上升、下降、停止	手动试验		B		
			自重下降功能。将卷门机电源设置于故障状态,防火卷帘应在防火卷帘控制器的控制下,依靠自重下降至全闭	切断卷门机电源,按下防火卷帘控制器下降按钮,观察防火卷帘动作、运行情况		B		
			卷门机手动操作装置(手动拉链)应灵活、可靠,安装位置应便于操作。使用手动操作装置(手动拉链)操作防火卷帘启、闭运行时,不应出现滑行撞击现象	直观检查,拉动手动拉链,观察防火卷帘动作、运行情况		B		
			卷门机应具有电动启闭和依靠防火卷帘自重恒速下降(手动速放)的功能。启动防火卷帘自重下降(手动速放)的臂力不应大于70 N	手动试验,拉动手动速放装置,观察防火卷帘动作情况,用弹簧测力计或砝码测量其启动下降臂力		B		
			卷门机应设有自动限位装置,当防火卷帘启、闭至上、下限位时,应自动停止,其重复定位误差应小20 mm	启动卷门机,运行一定时间后,关闭卷门机,用直尺测量重复定位误差		B		
			防火卷帘装配完成后,帘面在导轨内运行应平稳,不应有脱轨和明显的倾斜现象。双帘面卷帘的两个帘面应同时升降,两个帘面之间的高度差不应大于50 mm	手动检查;用钢卷尺测量双帘面卷帘的两个帘面之间的高度差		B		
			防火卷帘启、闭运行的平均噪声不应大于85 dB	在防火卷帘运行中,用声级计在距卷帘表面垂直距离1 m、距地面垂直距离1.5 m处,水平测量三次,取其平均值		B		

续表

序号	查验项目名称	GB 50877条款	查验内容		查验结果			
			查验要求	查验方法	查验情况	重要程度	结论	备注
3	防火卷帘系统功能	7.2.3	安装在防火卷帘上的温控释放装置动作后，防火卷帘应自动下降至全闭	切断电源，加热温控释放装置，使其感温元件动作，观察防火卷帘动作情况。试验前，应准备备用的温控释放装置，试验后，应重新安装		B		
4	防火门设置	7.3.1	防火门的型号、规格、数量、安装位置等应符合设计要求	直观检查；对照设计文件查看		B		
5	防火门安装质量	7.3.2	防火门安装质量的验收应符合《防火卷帘、防火门、防火窗施工及验收规范》GB 50877—2014 第 5.3 节的规定	直观检查		B		
6	防火门控制功能	7.3.3	常闭防火门，从门的任意一侧手动开启，应自动关闭。当装有信号反馈装置时，开、关状态信号应反馈到消防控制室	手动试验		B		
			常开防火门，其任意一侧的火灾探测器报警后，应自动关闭，并应将关闭信号反馈至消防控制室	用专用测试工具，使常开防火门一侧的火灾探测器发出模拟火灾报警信号，观察防火门动作情况及消防控制室信号显示情况		B		
			常开防火门，接收到消防控制室手动发出的关闭指令后，应自动关闭，并应将关闭信号反馈至消防控制室	在消防控制室启动防火门关闭功能，观察防火门动作情况及消防控制室信号显示情况		B		
			常开防火门，接收到现场手动发出的关闭指令后，应自动关闭，并应将关闭信号反馈至消防控制室	现场手动启动防火门关闭装置，观察防火门动作情况及消防控制室信号显示情况		B		
7	防火窗设置	7.4.1	防火窗的型号、规格、数量、安装位置等应符合设计要求	直观检查；对照设计文件查看		B		

续表

序号	查验项目名称	GB 50877条款	查验内容		查验结果			
			查验要求	查验方法	查验情况	重要程度	结论	备注
8	防火窗安装质量	7.4.2	防火门安装质量的验收应符合《防火卷帘、防火门、防火窗施工及验收规范》GB 50877—2014 第 5.4 节的规定	直观检查		B		
9	活动式防火窗控制功能	7.4.3	活动式防火窗，现场手动启动防火窗窗扇启闭控制装置时，活动窗扇应灵活开启，并应完全关闭，同时应无启闭卡阻现象	手动试验		B		
			活动式防火窗，其任意一侧的火灾探测器报警后，应自动关闭，并应将关闭信号反馈至消防控制室	用专用测试工具，使活动式防火窗任一侧的火灾探测器发出模拟火灾报警信号，观察防火窗动作情况及消防控制室信号显示情况		B		
			活动式防火窗，接到消防控制室发出的关闭指令后，应自动关闭，并应将关闭信号反馈至消防控制室	在消防控制室启动防火窗关闭功能，观察防火窗动作情况及消防控制室信号显示情况		B		
			安装在活动式防火窗上的温控释放装置动作后，活动式防火窗应在 60 s 内自动关闭	活动式防火窗安装并调试完毕后，切断电源，加热温控释放装置，使其热敏感元件动作，观察防火窗动作情况，用秒表测试关闭时间。试验前，应准备备用的温控释放装置，试验后，应重新安装		B		
查验结论			□ 合格	□ 不合格				

任务二　泡沫灭火系统查验

一、任务描述

泡沫灭火系统是指由一整套设备和程序组成的灭火系统，多用于可燃液体火灾。本任务旨在让学习者了解泡沫灭火系统的设置基本要求和检查方法，掌握如何对建设工程中的泡沫灭火系统进行有效查验。

二、任务目标

(一)知识目标

(1)了解泡沫灭火系统设置的相关标准，掌握其安装质量的基本要求。

(2)熟悉泡沫灭火剂、组件的常见类型、性能、应用范围、功能和控制。

(3)了解泡沫灭火系统的检查方法、检查内容和检查标准。

(二)能力目标

(1)能够分析建设工程泡沫灭火系统的设计内容和施工图纸，判断其是否符合消防安全要求。

(2)能够检查建设工程泡沫灭火系统的安装现场情况，发现并记录存在的问题和缺陷。

(3)能够测试建设工程泡沫灭火系统的性能、控制和联动，评价其是否达到设计、规范、标准的安装质量和系统控制要求。

(4)能够提出建设工程泡沫灭火系统的整改建议和措施，完成建设工程消防查验报告的泡沫灭火系统内容编制。

(三)素质目标

(1)提高消防查验工作人员对建设过程中消防系统建设标准化意识，培养规范的职业精神。

(2)培养消防查验工作人员在建设过程中对消防工程评价的客观性和公正性。

(3)培养消防查验工作人员对消防查验工作数字化、智慧化素养，提高其对消防查验问题的分析和解决的效率。

三、相关知识链接

【学习卡一】泡沫灭火系统供水水源

·相关规范条文	·查验方法
《泡沫灭火系统技术标准》GB 50151—2021 的 10.0.7 条	对照设计资料采用流速计、尺量检测和观察检查
·查验设备及工具	**·查验数量要求**
直观检查、流速计、卷尺	全数查验
·查验要求	**·重要程度**
(1)室外给水管网的进水管管径及供水能力、消防水池(罐)和消防水箱容量,均应符合设计要求。 (2)当采用天然水源时,其水量应符合设计要求,并应检查枯水期最低水位时确保消防用水的技术措施。 (3)过滤器的设置应符合设计要求	A

【学习卡二】泡沫灭火系统动力源、备用动力及电气设备

·相关规范条文	·查验方法
《泡沫灭火系统技术标准》GB 50151—2021 的 10.0.8 条	试验检查
·查验设备及工具	**·查验数量要求**
直观检查	全数查验
·查验要求	**·重要程度**
动力源、备用动力及电气设备应符合设计要求	A

【学习卡三】消防泵房

·相关规范条文	·查验方法
《泡沫灭火系统技术标准》GB 50151—2021 的 10.0.9 条	对照图纸观察检查

• 查验设备及工具

直观检查

• 查验数量要求

全数查验

• 查验要求

（1）消防泵房的建筑防火要求应符合相关标准的规定。

（2）消防泵房设置的应急照明、安全出口应符合设计要求

• 重要程度

B

【学习卡四】泡沫消防水泵与稳压泵

• 相关规范条文

《泡沫灭火系统技术标准》GB 50151—2021 的 10.0.10 条

• 查验数量要求

全数查验

• 查验要求

（1）工作泵、备用泵、拖动泡沫消防水泵的电机或柴油机、吸水管、出水管及出水管上的泄压阀、止回阀、信号阀等的规格、型号、数量等应符合设计要求；吸水管、出水管上的控制阀应锁定在常开位置，并有明显标记，拖动泡沫消防水泵的柴油机排烟管的安装位置、口径、长度、弯头的角度及数量应符合设计要求，柴油机用油的牌号应符合设计要求。

（2）泡沫消防水泵的引水方式及水池低液位引水应符合设计要求。

（3）泡沫消防水泵在主电源下应能正常启动，主、备用电源应能正常切换。

（4）柴油机拖动的泡沫消防水泵的电启动和机械启动性能应满足设计和相关标准的要求。

（5）当自动系统管网中的水压下降到设计最低压力时，稳压泵应能自动启动

• 查验方法

（1）对照设计资料和产品说明书观察检查。

（2）观察检查。

（3）打开消防水泵出水管上的手动测试阀，利用主电源向泵组供电；关掉主电源检查主、备用电源的切换情况，用秒表计时和观察检查。

（4）分别进行电启动试验和机械启动试验，对照相关要求观察检查。

（5）使用压力表测量，观察检查

• 查验设备及工具

直观检查、秒表、压力表

• 重要程度

（1）B、（2）B、（3）A、（4）A、（5）A

【学习卡五】泡沫液储罐和盛装100%型水成膜泡沫液的压力储罐

• 相关规范条文

《泡沫灭火系统技术标准》GB 50151—2021的10.0.11条

• 查验方法

对照设计资料观察检查

• 查验要求

(1)材质、规格、型号及安装质量应符合设计要求。

(2)铭牌标记应清晰,应标有泡沫液种类、型号、出厂、灌装日期、有效期及储量等内容,不同种类、不同牌号的泡沫液不得混存。

(3)液位计、呼吸阀、人孔、出液口等附件的功能应正常

• 查验设备及工具

直观检查

• 查验数量要求

全数查验

• 重要程度

B

【学习卡六】泡沫比例混合装置

• 相关规范条文

《泡沫灭火系统技术标准》GB 50151—2021的10.0.12条

• 查验方法

(1)对照设计资料观察检查。

(2)用手持电导率测量仪测量

• 查验要求

(1)泡沫比例混合装置的规格、型号及安装质量应符合设计及安装要求。

(2)混合比不应低于所选泡沫液的混合比

• 查验设备及工具

直观检查、手持电导率测量仪

• 查验数量要求

全数查验

• 重要程度

B

【学习卡七】泡沫产生装置

• 相关规范条文

《泡沫灭火系统技术标准》GB 50151—2021的10.0.13条

• 查验方法

对照设计资料观察检查

• 查验要求

泡沫产生装置的规格、型号及安装质量应符合设计及安装要求

• 查验设备及工具

直观检查

• 查验数量要求	• 重要程度
全数查验	B

【学习卡八】报警阀组

• 相关规范条文

《泡沫灭火系统技术标准》GB 50151—2021 的 10.0.14 条

• 查验数量要求

全数查验

• 查验要求

(1)报警阀组的各组件应符合产品标准规定。

(2)打开系统流量压力检测装置放水阀，测试的流量、压力应符合设计要求。

(3)水力警铃的设置位置应正确。测试时，水力警铃喷嘴处的压力不应小于 0.05 MPa，且距水力警铃 3 m 远处警铃声强不应小于 70 dB。

(4)打开手动试水阀或电磁阀时，雨淋阀组动作应可靠。

(5)与空气压缩机或火灾自动报警系统的联动控制，应符合设计要求

• 查验方法

(1)观察检查。

(2)使用流量计、压力表观察检查。

(3)打开阀门放水，使用压力表、声级计和尺量检查。

(4)观察检查。

(5)观察检查

• 查验设备及工具

直观检查、流量计、压力表、声级计、卷尺

• 重要程度

B

【学习卡九】管网

• 相关规范条文

《泡沫灭火系统技术标准》GB 50151—2021 的 10.0.15 条，《消防设施通用规范》GB 55036—2022 的 2.0.6 条

• 查验数量要求

全数查验

• 查验要求

(1)管道的材质与规格、管径、连接方式、安装位置及采取的防冻措施应符合设计要求，并符合《泡沫灭火系统技术标准》GB 50151—2021 第 9.3.19 条、《消防设施通用规范》GB 55036—2022 第 2.0.6 条的相关规定。

(2)管网上的控制阀、压力信号反馈装置、止回阀、试水阀、泄压阀、排气阀等,其规格和安装位置均应符合设计要求。

(3)管道穿越楼板、防火墙、变形缝时的防火处理应符合《泡沫灭火系统技术标准》GB 50151—2021 第 9.3.19 的相关规定

• 查验方法

(1)观察检查和核查相关证明材料。

(2)观察检查。

(3)观察和尺量检查

• 查验设备及工具

直观检查、水平尺

• 重要程度

(1)A、(2)B、(3)B

【学习卡十】喷头

• 相关规范条文

《泡沫灭火系统技术标准》GB 50151—2021 的 10.0.16 条

• 查验方法

(1)观察检查。

(2)对照图纸尺量检查。

(3)计数检查

• 查验要求

(1)喷头的数量、规格、型号应符合设计要求。

(2)喷头的安装位置、安装高度、间距及与梁等障碍物的距离偏差均应符合设计要求和本标准第 9.3.34 条的相关规定。

(3)不同型号规格喷头的备用量不应小于其实际安装总数的 1%,且每种备用喷头数不应少于 10 只

• 查验设备及工具

直观检查、卷尺

• 查验数量要求

(1)全数查验。

(2)按实际数量 5% 的比例查验,且不少于 5 个。

(3)全数查验

• 重要程度

(1)A、(2)B、(3)A

【学习卡十一】水泵接合器

· 相关规范条文

《泡沫灭火系统技术标准》GB 50151—2021 的 10.0.17 条

· 查验方法

观察检查

· 查验要求

水泵接合器的数量及进水管位置应符合设计要求

· 查验设备及工具

直观检查、卷尺

· 查验数量要求

全数查验

· 重要程度

B

【学习卡十二】泡沫消火栓

· 相关规范条文

《泡沫灭火系统技术标准》GB 50151—2021 的 10.0.18 条

· 查验方法

(1)对照设计文件观察检查、测量检查。

(2)按《泡沫灭火系统技术标准》GB 50151—2021 第 9.4.16 条的相关规定进行

· 查验设备及工具

直观检查、卷尺

· 查验要求

(1)规格、型号、安装位置及间距应符合设计要求。

(2)应进行冷喷试验，且应与系统功能验收同时进行

· 查验数量要求

(1)全数查验。

(2)任选一个储罐，按设计使用数量检查

· 重要程度

A

【学习卡十三】公路隧道泡沫消火栓箱

· 相关规范条文

《泡沫灭火系统技术标准》GB 50151—2021 的 10.0.19 条

· 查验设备及工具

直观检查、卷尺

• 查验方法

(1)观察和尺量检查。

(2)按《泡沫灭火系统技术标准》GB 50151—2021 第 9.4.17 条的相关规定进行

• 查验要求

(1)安装质量应符合《泡沫灭火系统技术标准》GB 50151—2021 第 9.3.26 条的规定。

(2)喷泡沫试验应合格

• 查验数量要求

(1)按安装总数的 10%抽查,且不得少于 1 个。

(2)按安装总数的 10%抽查,且不得少于 2 个

• 重要程度

B

【学习卡十四】泡沫喷雾装置动力瓶组

• 相关规范条文

《泡沫灭火系统技术标准》GB 50151—2021 的 10.0.20 条

• 查验方法

观察检查、测量检查、称重检查、用液位计或压力计测量

• 查验要求

泡沫喷雾装置动力瓶组的数量、型号和规格,位置与固定方式,油漆和标志,储存容器的安装质量、充装量和储存压力等应符合设计及安装要求

• 查验设备及工具

直观检查、卷尺、称重计、液位计或压力计

• 查验数量要求

全数查验

• 重要程度

A

【学习卡十五】泡沫喷雾系统集流管

• 相关规范条文

《泡沫灭火系统技术标准》GB 50151—2021 的 10.0.21 条

• 查验方法

观察检查、测量检查

• 查验要求

泡沫喷雾系统集流管的材料、规格、连接方式、布置及其泄压装置的泄压方向应符合设计及安装要求

• 查验设备及工具

直观检查、卷尺

• 查验数量要求	• 重要程度
全数查验	A

【学习卡十六】泡沫喷雾系统分区阀

• 相关规范条文	• 查验方法
《泡沫灭火系统技术标准》GB 50151—2021的10.0.22条	观察检查、测量检查
• 查验要求	**• 查验设备及工具**
泡沫喷雾系统分区阀的数量、型号、规格、位置、标志及其安装质量应符合设计及安装要求	直观检查、卷尺
• 查验数量要求	**• 重要程度**
全数查验	B

【学习卡十七】泡沫喷雾系统驱动装置

• 相关规范条文	• 查验方法
《泡沫灭火系统技术标准》GB 50151—2021的10.0.23条	观察检查、测量检查
• 查验要求	**• 查验设备及工具**
泡沫喷雾系统驱动装置的数量、型号、规格和标志，安装位置，驱动气瓶的介质名称和充装压力，以及气动驱动装置管道的规格、布置和连接方式等应符合设计及安装要求	直观检查、卷尺
• 查验数量要求	**• 重要程度**
全数查验	B

【学习卡十八】驱动装置和分区阀的机械应急手动操作装置

• 相关规范条文	• 查验方法
《泡沫灭火系统技术标准》GB 50151—2021的10.0.24条	观察检查、测量检查

·查验要求

驱动装置和分区阀的机械应急手动操作处,均应有标明对应防护区或保护对象名称的永久标志。驱动装置的机械应急操作装置均应设安全销并加铅封,现场手动启动按钮应有防护罩

·查验设备及工具

直观检查、卷尺

·查验数量要求

全数查验

·重要程度

B

【学习卡十九】模拟灭火功能

·相关规范条文

《泡沫灭火系统技术标准》GB 50151—2021 的 10.0.25 条

·查验数量要求

全数查验

·查验要求

(1)压力信号反馈装置应能正常动作,并应能在动作后启动消防水泵及与其联动的相关设备,可正确发出反馈信号。

(2)系统的分区控制阀应能正常开启,并可正确发出反馈信号。

(3)系统的流量、压力均应符合设计要求。

(4)消防水泵及其他消防联动控制设备应能正常启动,并应有反馈信号显示。

(5)主、备用电源应能在规定时间内正常切换

·查验方法

(1)利用模拟信号试验,观察检查。

(2)利用模拟信号试验,观察检查。

(3)利用系统流量、压力检测装置通过泄放试验,观察检查。

(4)观察检查。

(5)模拟主、备用电源切换,采用秒表计时检查

·查验设备及工具

直观检查、流量计、压力计、秒表

·重要程度

A

【学习卡二十】泡沫灭火系统应对系统功能

·相关规范条文

《泡沫灭火系统技术标准》GB 50151—2021 的 10.0.26 条

·查验数量要求

全数查验

• 查验要求

(1)低倍数泡沫灭火系统喷泡沫试验应合格。

(2)中倍数、高倍数泡沫灭火系统喷泡沫试验应合格。

(3)泡沫-水雨淋系统喷泡沫试验应合格。

(4)闭式泡沫-水喷淋系统喷泡沫试验应合格。

(5)泡沫喷雾系统喷洒试验应合格

• 查验方法

(1)按《泡沫灭火系统技术标准》GB 50151—2021第9.4.18条第2款的相关规定执行。

(2)按《泡沫灭火系统技术标准》GB 50151—2021第9.4.18条第3款的相关规定执行。

(3)按《泡沫灭火系统技术标准》GB 50151—2021第9.4.18条第4款的相关规定执行。

(4)按《泡沫灭火系统技术标准》GB 50151—2021第9.4.18条第5款的相关规定执行。

(5)按《泡沫灭火系统技术标准》GB 50151—2021第9.4.18条第6款的相关规定执行

• 查验设备及工具

观察检查、流量计、压力计、秒表

• 重要程度

A

四、任务分配

进行某建筑消防的泡沫灭火系统的消防查验的任务分配。

消防查验任务分工表

<table>
<tr><td>查验单位
(班级)</td><td colspan="4"></td></tr>
<tr><td>查验人员</td><td>姓名</td><td>执业资格或
专业技术资格</td><td>职务</td><td>任务分工</td></tr>
<tr><td>查验负责人
(组长)</td><td></td><td></td><td></td><td></td></tr>
<tr><td rowspan="3">项目组成员
(组员)</td><td></td><td></td><td></td><td></td></tr>
<tr><td></td><td></td><td></td><td></td></tr>
<tr><td></td><td></td><td></td><td></td></tr>
</table>

五、自主探学

根据任务分工，自主填写消防现场查验原始记录表。

消防现场查验原始记录表

项目名称				涉及阶段	□施工实施阶段 □竣工验收阶段	
日期				查验次数	第　次	
序号	所属分部工程	查验内容	查验位置	现场情况	问题描述	备注
1						
2						
3						
设备仪器:						

六、合作研学

小组交流,教师指导,填写泡沫灭火系统概况及查验数量一览表。

泡沫灭火系统概况及查验数量一览表

泡沫灭火系统概况					
名称	安装数量	设置位置	查验抽样数量要求	查验抽样数量	查验位置
消防泵房			全数查验		
消防水池(水罐)			全数查验		
高位消防水箱			全数查验		
消防水泵			全数查验		
稳压泵			全数查验		
泡沫液储罐			全数查验		
泡沫比例混合装置			全数查验		
泡沫产生装置			全数查验		
泡沫消火栓			全数查验;任选一个储罐,按设计使用数量检查		

七、展示赏学

小组合作完成泡沫灭火系统查验情况汇总表的填写,每个小组推荐一名组员分享汇报查验情况和结论。

泡沫灭火系统工程质量查验情况汇总表

工程名称								
序号	查验项目名称	GB 50151条款	查验内容		查验结果			
			查验要求	查验方法	查验情况	重要程度	结论	备注
1	泡沫液储罐	10.0.11 第1款	材质、规格、型号及安装质量	对照设计资料观察检查		B		
2	泡沫比例混合装置	10.0.12 第1款	规格、型号及安装质量	对照设计资料观察检查		B		
3	泡沫产生装置	10.0.13	规格、型号及安装质量	对照设计资料观察检查		B		
4	泡沫消防水泵与稳压泵	10.0.10 第1款	规格、型号和数量	对照设计资料观察检查		B		
		10.0.10 第1款	吸水管、出水管上的控制阀锁定在常开位置，并有明显标记	观察检查		B		
		10.0.10 第2款	引水方式	观察检查		B		
		10.0.10 第3款	泡沫消防水泵在主电源下应能正常启动，主、备用电源应能正常切换	试验检查		A		
		10.0.10 第4款	柴油机拖动的泡沫消防水泵的电启动和机械启动性能应满足设计和相关标准的要求	分别进行电启动试验和机械启动试验		A		
		10.0.10 第5款	当自动系统管网中的水压下降到设计最低压力时，稳压泵应能自动启动	压力表测量		A		
5	泡沫消火栓	10.0.8 第1款	规格、型号、安装位置及间距	对照设计文件观察检查、测量检查		A		
6	泡沫灭火系统供水水源	10.0.7 第1款	查看室外给水管网的进水管管径及供水能力、消防水池(罐)和消防水箱容量	观察、量测检查		A		
		10.0.7 第2款	查看天然水源水质、水量、消防车取水高度	观察、量测检查		A		

续表

<table>
<tr><th rowspan="2">序号</th><th rowspan="2">查验项目名称</th><th rowspan="2">GB 50151条款</th><th colspan="2">查验内容</th><th colspan="4">查验结果</th></tr>
<tr><th>查验要求</th><th>查验方法</th><th>查验情况</th><th>重要程度</th><th>结论</th><th>备注</th></tr>
<tr><td rowspan="2">6</td><td rowspan="2">泡沫灭火系统供水水源</td><td>10.0.7第2款</td><td>天然水源枯水期最低水位时确保消防用水的技术措施</td><td>观察、量测检查</td><td></td><td>A</td><td></td><td></td></tr>
<tr><td>10.0.7第3款</td><td>过滤器的设置应符合设计要求</td><td>观察检查</td><td></td><td>A</td><td></td><td></td></tr>
<tr><td rowspan="2">7</td><td rowspan="2">消防泵房</td><td>10.0.9第1款</td><td>建筑防火要求</td><td>观察检查</td><td></td><td>B</td><td></td><td></td></tr>
<tr><td>10.0.9第2款</td><td>消防泵房应急照明、安全出口的设置</td><td>对照图纸观察检查</td><td></td><td>B</td><td></td><td></td></tr>
<tr><td>8</td><td>泡沫灭火系统动力源、备用动力及电气设备</td><td>10.0.8</td><td>动力源、备用动力及电气设备应符合设计要求</td><td>试验检查</td><td></td><td>A</td><td></td><td></td></tr>
<tr><td rowspan="5">9</td><td rowspan="5">模拟灭火功能</td><td>10.0.25第1款</td><td>压力信号反馈装置应能正常动作,并应能在动作后启动消防水泵及与其联动的相关设备,可正确发出反馈信号</td><td>利用模拟信号试验,观察检查</td><td></td><td>A</td><td></td><td></td></tr>
<tr><td>10.0.25第2款</td><td>系统的分区控制阀应能正常开启,并可正确发出反馈信号</td><td>利用模拟信号试验,观察检查</td><td></td><td>A</td><td></td><td></td></tr>
<tr><td>10.0.25第3款</td><td>系统的流量、压力均应符合设计要求</td><td>利用系统流量、压力检测装置通过泄放试验,观察检查</td><td></td><td>A</td><td></td><td></td></tr>
<tr><td>10.0.25第4款</td><td>消防水泵及其他消防联动控制设备应能正常启动,并应有反馈信号显示</td><td>观察检查</td><td></td><td>A</td><td></td><td></td></tr>
<tr><td>10.0.25第5款</td><td>主、备用电源应能在规定时间内正常切换</td><td>模拟主、备用电源切换,采用秒表计时检查</td><td></td><td>A</td><td></td><td></td></tr>
<tr><td colspan="2">查验结论</td><td colspan="3">□ 合格</td><td colspan="4">□ 不合格</td></tr>
</table>

任务三　气体灭火系统查验

一、任务描述

气体灭火系统是以气体为灭火介质的灭火系统，是一种现代灭火技术，它的出现可以追溯到20世纪初期。当时，人们开始使用二氧化碳和惰性气体作为灭火剂，以应对火灾带来的危害。二氧化碳灭火系统最早应用于电气设备的灭火，因为二氧化碳不会导致设备损坏或环境污染。

随着技术的发展和实践的积累，气体灭火系统在各个领域得到了广泛应用。例如，在工业领域，气体灭火系统被广泛应用于保护计算机房、电气设备、危险化学品储存区等重要场所；在航空航天领域，气体灭火系统被用于灭火、排烟和保护宇航员生命等方面；在轮船领域，气体灭火系统被用于保护发动机室、货物舱和燃油储存区等部位。

气体灭火系统组成：灭火剂储存瓶组、液体单向阀、集流管、选择阀、压力讯号器、管网、喷嘴、阀驱动装置。

气体灭火系统工作原理：发生火灾后，火灾探测器将火警信号输送到报警控制器，鉴定确认后，启动报警装置，声光报警，灭火控制盘动作，启动开口关闭装置、通风机等联动设备，延时启动阀驱动装置，将灭火剂储存装置和选择阀同时打开，将灭火剂施放到防护区进行灭火，灭火剂施放时压力讯号器给出信号发出灭火剂施放的声光报警。

气体灭火系统分类：①全淹没系统——在规定时间内向防护区喷射一定浓度的灭火剂并使其均匀地充满整个防护区。②局部应用系统——向保护对象以设计喷射强度直接喷射灭火剂并持续一定时间。

气体灭火系统适用范围：电气火灾；固体表面火灾；液体火灾；灭火前能切断气源的气体火灾。除电缆隧道（夹层、井）及自备发电机房外，K型和其他型热气溶胶预制灭火系统不得用于其他电气火灾。

本任务旨在让学习者了解气体灭火系统设置的基本要求和检查方法，掌握如何对建设工程中的气体灭火系统进行有效查验。

二、任务目标

（一）知识目标

（1）了解气体灭火系统设置的相关标准，掌握其安装质量的基本要求。

（2）熟悉灭火气体、气体灭火系统组件的常见类型、性能、应用范围和控制方法。

（3）了解气体灭火系统的检查方法、检查内容和检查标准。

（二）能力目标

（1）能够分析建设工程气体灭火系统的设计内容和施工图纸，判断是否符合消防安全要求。

(2)能够检查建设工程气体灭火系统的安装现场情况,发现并记录存在的问题和缺陷。

(3)能够测试建设工程气体灭火系统的性能、控制和联动,评价其是否达到设计、规范、标准的安装质量和系统控制要求。

(4)能够提出建设工程气体灭火系统的整改建议和措施,完成建设工程消防查验报告的气体灭火系统内容编制。

(三)素质目标

(1)提高消防查验工作人员对建设过程中消防系统建设标准化意识,培养规范的职业精神。

(2)培养消防查验工作人员在建设过程中对消防工程评价的客观性和公正性。

(3)培养消防查验工作人员在消防查验工作中的数字化、智慧化素养,提高其对消防查验问题的分析和解决的效率。

三、相关知识链接

【学习卡一】防护区或保护对象

• 相关规范条文	• 查验方法
《气体灭火系统施工及验收规范》GB 50263—2007 的 7.2.1 条	观察检查、测量检查
• 查验要求	**• 查验设备及工具**
防护区或保护对象的位置、用途、划分、几何尺寸、开口、通风、环境温度、可燃物的种类,防护区围护结构的耐压、耐火极限及门、窗可自行关闭装置应符合设计要求	直观检查、卷尺
• 查验数量要求	**• 重要程度**
全数查验	A

【学习卡二】防护区安全设施

• 相关规范条文	• 查验方法
《气体灭火系统施工及验收规范》GB 50263—2007 的 7.2.2 条	观察检查

• 查验要求

(1)防护区的疏散通道、疏散指示标志和应急照明装置应符合设计要求。
(2)防护区内和入口处的声光报警装置、气体喷放指示灯、入口处的安全标志应符合设计要求。
(3)无窗或固定窗扇的地上防护区和地下防护区的排气装置应符合设计要求。
(4)门窗设有密封条的防护区的泄压装置应符合设计要求。
(5)专用的空气呼吸器或氧气呼吸器应符合设计要求

• 查验设备及工具	• 查验数量要求	• 重要程度
直观检查、卷尺	全数查验	A

【学习卡三】储存装置间

• 相关规范条文	• 查验方法
《气体灭火系统施工及验收规范》GB 50263—2007 的 7.2.3 条	观察检查、功能检查
• 查验要求	**• 查验设备及工具**
储存装置间的位置、通道、耐火等级、应急照明装置、火灾报警控制装置及地下储存装置间的机械排风装置应符合设计要求	观察检查、卷尺
• 查验数量要求	**• 重要程度**
全数查验	A

【学习卡四】火灾报警控制装置及联动设备

• 相关规范条文	• 查验方法
《气体灭火系统施工及验收规范》GB 50263—2007 的 7.2.4 条	观察检查、功能检查
• 查验要求	**• 查验设备及工具**
火灾报警控制装置及联动设备应符合设计要求	观察检查
• 查验数量要求	**• 重要程度**
全数查验	A

【学习卡五】灭火剂储存容器

• 相关规范条文	• 查验方法
《气体灭火系统施工及验收规范》GB 50263—2007 的 7.3.1 条	观察检查、测量检查
• 查验要求	**• 查验设备及工具**
灭火剂储存容器的数量、型号和规格，位置与固定方式，油漆和标志，以及灭火剂储存容器的安装质量应符合设计要求	观察检查
• 查验数量要求	**• 重要程度**
全数查验	A

【学习卡六】储存容器内的灭火剂充装量和储存压力

• 相关规范条文	• 查验方法
《气体灭火系统施工及验收规范》GB 50263—2007 的 7.3.2 条	称重、液位计或压力计测量
• 查验要求	**• 查验设备及工具**
储存容器内的灭火剂充装量和储存压力应符合设计要求	称重装置、液位计或压力计
• 查验数量要求	**• 重要程度**
全数查验	A

【学习卡七】集流管及其泄压装置

• 相关规范条文	• 查验方法
《气体灭火系统施工及验收规范》GB 50263—2007 的 7.3.3 条、5.2.1 条、5.2.3 条～5.2.6 条、5.2.8 条～5.2.10 条，《消防设施通用规范》GB 55036—2022 的 8.0.9 条	观察检查、测量检查

• 查验要求

集流管的材料、规格、连接方式、布置及其泄压装置的泄压方向应符合设计要求和《气体灭火系统施工及验收规范》GB 50263—2007 第 5.2.1 条、5.2.3 条～5.2.6 条、5.2.8 条～5.2.10 条,《消防设施通用规范》GB 55036—2022 第 8.0.9 条的规定

• 查验设备及工具	• 查验数量要求	• 重要程度
卷尺、液位计或压力计测量	全数查验	A

【学习卡八】选择阀及信号反馈装置

• 相关规范条文

《气体灭火系统施工及验收规范》GB 50263—2007 的 7.3.4 条、5.3 节

• 查验方法

观察检查、测量检查

• 查验要求

选择阀及信号反馈装置的数量、型号、规格、位置、标志及其安装质量应符合设计要求和 GB 50263—2007 第 5.3 节的有关规定

• 查验设备及工具

观察检查、测量检查

• 查验数量要求

全数查验

• 重要程度

A

【学习卡九】阀驱动装置

• 相关规范条文

《气体灭火系统施工及验收规范》GB 50263—2007 的 7.3.5 条、5.4.1 条～5.4.5 条,《消防设施通用规范》GB 55036—2022 的 2.0.6 条

• 查验方法

观察检查、测量检查

• 查验要求

阀驱动装置的数量、型号、规格和标志,安装位置,气动驱动装置中驱动气瓶的介质名称和充装压力,以及气动驱动装置管道的规格、布置和连接方式应符合设计要求和《气体灭火系统施工及验收规范》GB 50263—2007 第 5.4.1 条～5.4.5 条,《消防设施通用规范》GB 55036—2022 第 2.0.6 条的规定

• 查验设备及工具

观察检查、测量检查

• 查验数量要求

全数查验

• 重要程度

A

【学习卡十】驱动气瓶和选择阀的机械应急操作装置

• 相关规范条文

《气体灭火系统施工及验收规范》GB 50263—2007 的 7.3.6 条

• 查验方法

观察检查、测量检查

• 查验要求

驱动气瓶和选择阀的机械应急手动操作处,均应有标明对应防护区或保护对象名称的永久标志。驱动气瓶的机械应急操作装置均应设安全销并加铅封,现场手动启动按钮应有防护罩

• 查验设备及工具

观察检查、测量检查

• 查验数量要求

全数查验

• 重要程度

A

【学习卡十一】气体灭火系统管网

• 相关规范条文

《气体灭火系统施工及验收规范》GB 50263—2007 的 7.3.7 条、5.5.1 条~5.5.3 条、5.5.5 条,《消防设施通用规范》GB 55036—2022 的 2.0.6 条

• 查验方法

观察检查、测量检查

• 查验要求

灭火剂输送管道的布置与连接方式、支架和吊架的位置及间距、穿过建筑构件及其变形缝的处理、各管段和附件的型号规格以及防腐处理和涂刷油漆颜色,应符合设计要求和《气体灭火系统施工及验收规范》GB 50263—2007 第 5.5.1 条~5.5.3 条、5.5.5 条,《消防设施通用规范》GB 55036—2022 第 2.0.6 条的规定

• 查验设备及工具

观察检查、测量检查

• 查验数量要求

全数查验

• 重要程度

A

【学习卡十二】喷嘴

• 相关规范条文

《气体灭火系统施工及验收规范》GB 50263—2007 的 7.3.8 条、5.6 节

• 查验方法

观察检查、测量检查

• 查验要求

喷嘴的数量、型号、规格、安装位置和方向，应符合设计要求和《气体灭火系统施工及验收规范》GB 50263—2007 第 5.6 节的有关规定

• 查验设备及工具

观察检查、测量检查

• 查验数量要求

全数查验

• 重要程度

A

【学习卡十三】模拟启动试验

• 相关规范条文

《气体灭火系统施工及验收规范》GB 50263—2007 的 7.4.1 条

• 查验数量要求

按防护区或保护对象总数（不足 5 个按 5 个计）的 20％查验

• 查验要求

系统功能验收时，应进行模拟启动试验，并合格

• 查验方法

（1）手动模拟启动试验可按下述方法进行。①按下手动启动按钮，观察相关动作信号及联动设备动作是否正常（如发出声、光报警，启动输出的负载响应，关闭通风空调、防火阀等）。②人工使压力信号反馈装置动作，观察相关防护区门外的气体喷放指示灯是否正常。

（2）自动模拟启动试验可按下述方法进行。①将灭火控制器的启动输出端与灭火系统相应防护区驱动装置连接。驱动装置应与阀门的动作机构脱离。也可以用一个启动电压、电流与驱动装置的启动电压、电流相同的负载代替。②人工模拟火警使防护区内任意一个火灾探测器动作，观察单一火警信号输出后，相关报警设备动作是否正常（如警铃、蜂鸣器发出报警声等）。③人工模拟火警使该防护区内另一个火灾探测器动作，观察复合火警信号输出后，相关动作信号及联动设备动作是否正常（如发出声、光报警，启动输出端的负载，关闭通风空调、防火阀等）。

（3）模拟启动试验结果应符合下列规定。①延迟时间与设定时间相符，响应时间满足要求。②有关声、光报警信号正确。③联动设备动作正确

• 查验设备及工具

观察检查、秒表

• 重要程度

A

【学习卡十四】模拟喷气试验

• 相关规范条文

《气体灭火系统施工及验收规范》GB 50263—2007 的 7.4.2 条

• 查验数量要求

组合分配系统应不少于 1 个防护区或保护对象,柜式气体灭火装置、热气溶胶灭火装置等预制灭火系统应各取 1 套

• 查验要求

系统功能验收时,应进行模拟喷气试验,并合格

• 查验方法

(1)模拟喷气试验的条件应符合下列规定。①IG 541 混合气体灭火系统及高压二氧化碳灭火系统应采用其充装的灭火剂进行模拟喷气试验。②低压二氧化碳灭火系统应采用二氧化碳灭火剂进行模拟喷气试验。③卤代烷灭火系统模拟喷气试验不应采用卤代烷灭火剂,宜采用氮气,也可采用压缩空气。氮气或压缩空气储存容器与被试验的防护区或保护对象用的灭火剂储存容器的结构、型号、规格应相同,连接与控制方式应一致,氮气或压缩空气的充装压力按设计要求执行。④模拟喷气试验宜采用自动启动方式。

(2)模拟喷气试验结果应符合下列规定。①延迟时间与设定时间相符,响应时间满足要求。②相关声、光报警信号正确。③相关控制阀门工作正常。④信号反馈装置动作后,气体防护区外的气体喷放指示灯应工作正常。⑤储存容器间内的设备和对应防护区或保护对象的灭火剂输送管道无明显晃动和机械性损坏。⑥试验气体能喷入被试防护区内或保护对象上,且应能从每个喷嘴喷出

• 查验设备及工具

观察检查、秒表

• 重要程度

A

【学习卡十五】模拟切换操作试验

• 相关规范条文

《气体灭火系统施工及验收规范》GB 50263—2007 的 7.4.3 条

• 查验数量要求

全数查验

• 查验要求

系统功能验收时,应对设有灭火剂备用量的系统进行模拟切换操作试验,并合格

• 查验方法

(1)按使用说明书的操作方法,将系统使用状态从主用量灭火剂储存容器切换为备用量灭火剂储存容器的使用状态。

(2)按《气体灭火系统施工及验收规范》GB 50263—2007 第 E.3.1 条的方法进行模拟喷气试验。

(3)试验结果应符合《气体灭火系统施工及验收规范》GB 50263—2007 第 E.3.2 条的规定

· 查验设备及工具

观察检查、秒表

· 重要程度

A

【学习卡十六】主、备用电源切换试验

· 相关规范条文

《气体灭火系统施工及验收规范》GB 50263—2007的7.4.4条

· 查验数量要求

全数查验

· 查验要求

系统功能验收时，应对主、备用电源进行切换试验，并合格

· 查验方法

(1)手动模拟启动试验可按下述方法进行。①按下手动启动按钮，观察相关动作信号及联动设备动作是否正常(如发出声、光报警，启动输出端的负载响应，关闭通风空调、防火阀等)。②人工使压力信号反馈装置动作，观察相关防护区门外的气体喷放指示灯是否正常。

(2)自动模拟启动试验可按下述方法进行。①将灭火控制器的启动输出端与灭火系统相应防护区驱动装置连接。驱动装置应与阀门的动作机构脱离。也可以用一个启动电压、电流与驱动装置的启动电压、电流相同的负载代替。②人工模拟火警使防护区内任意一个火灾探测器动作，观察单一火警信号输出后，相关报警设备动作是否正常(如警铃、蜂鸣器发出报警声等)。③人工模拟火警使该防护区内另一个火灾探测器动作，观察复合火警信号输出后，相关动作信号及联动设备动作是否正常(如发出声、光报警，启动输出端的负载响应，关闭通风空调、防火阀等)。

(3)模拟启动试验结果应符合下列规定。①延迟时间与设定时间相符，响应时间满足要求。②有关声、光报警信号正确。③联动设备动作正确。④驱动装置动作可靠

· 查验设备及工具

观察检查、秒表

· 重要程度

A

四、任务分配

进行某建筑消防的气体灭火系统的消防查验任务的分配。

消防查验任务分工表

查验单位(班级)				
查验人员	姓名	执业资格或 专业技术资格	职务	任务分工
查验负责人(组长)				
项目组成员(组员)				

五、自主探学

根据任务分工,自主填写消防现场查验原始记录表。

消防现场查验原始记录表

项目名称				涉及阶段	□施工实施阶段 □竣工验收阶段	
日期				查验次数	第　次	
序号	所属分部工程	查验内容	查验位置	现场情况	问题描述	备注
1						
2						
3						
设备仪器:						

六、合作研学

小组交流,教师指导,填写气体灭火系统概况及查验数量一览表。

气体灭火系统概况及查验数量一览表

气体灭火系统概况				
名称	安装数量	设置位置	查验抽样数量要求	查验位置
感烟火灾探测器			全数查验	
感温火灾探测器			全数查验	
气体灭火控制器			全数查验	
气体灭火控制盘			全数查验	
储瓶间			全数查验	
灭火剂储存容器			全数查验	
阀驱动装置(驱动电磁阀)			全数查验	
选择阀			全数查验	
压力讯号器			全数查验	
现场手动启停按钮			全数查验	
声光警报装置			全数查验	
气体喷洒(放)指示灯			全数查验	
手动/自动转换装置			全数查验	
喷嘴			全数查验	

七、展示赏学

小组合作完成气体灭火系统查验情况汇总表的填写，每个小组推荐一名组员分享汇报查验情况和结论。

气体灭火系统规范工程质量查验情况汇总表

工程名称								
序号	查验项目名称	GB 50263条款	查验内容		查验结果			
			查验要求	查验方法	查验情况	重要程度	结论	备注
1	防护区或保护对象	7.2.1	防护区或保护对象的位置、用途、划分、几何尺寸	观察检查、测量检查		A		
		7.2.1	防护区或保护对象的开口、通风、环境温度、可燃物的种类	观察检查、测量检查		A		
		7.2.1	防护区围护结构的耐压、耐火极限	观察检查、测量检查		A		
		7.2.1	防护区门、窗自行关闭功能	观察检查、测量检查		A		
2	防护区安全设施	7.2.2	防护区的疏散通道、疏散指示标志和应急照明装置设置	观察检查		A		
		7.2.2	防护区内和入口处的声光报警装置、气体喷放指示灯、入口处的安全标志设置	观察检查		A		
		7.2.2	无窗或固定窗的地上防护区的排气装置	观察检查		A		
		7.2.2	无窗或固定窗的地下防护区的排气装置	观察检查		A		
		7.2.2	门窗设有密封条的防护区的泄压装置	观察检查		A		
		7.2.2	专用的空气呼吸器或氧气呼吸器	观察检查		A		
3	储存装置间	7.2.3	位置、通道、耐火等级	观察检查		A		
		7.2.3	应急照明装置	观察检查、功能检查		A		
		7.2.3	火灾报警控制装置	观察检查、功能检查		A		
		7.2.3	地下储存装置间机械排风装置	观察检查、功能检查		A		

续表

序号	查验项目名称	GB 50263条款	查验内容		查验结果			
			查验要求	查验方法	查验情况	重要程度	结论	备注
4	火灾报警控制装置及联动设备	7.2.4	位置、型号、规格、数量	对照设计资料观察检查		A		
		7.2.4	基本功能	观察检查、功能检查		A		
5	灭火剂储存容器	7.3.1	数量、型号和规格	观察检查、测量检查		A		
		7.3.1	位置与固定方式	观察检查、测量检查		A		
		7.3.1	油漆及标志	观察检查、测量检查		A		
		7.3.1	安装质量	观察检查		A		
6	储存容器内的灭火剂充装量和储存压力	7.3.2	灭火剂充装量	称重、液位计测量		A		
		7.3.2	储存压力	压力计测量		A		
7	集流管及其泄压装置	7.3.3	材料、规格、连接方式、布置	观察检查、测量检查		A		
		7.3.3	集流管上泄压装置的泄压方向	观察检查、测量检查		A		
8	选择阀	7.3.4	选择阀数量、型号、规格、位置、标志	观察检查、测量检查		A		
		7.3.4	选择阀安装质量	观察检查		A		
9	信号反馈装置	7.3.4	信号反馈装置数量、型号、规格、位置、标志	观察检查、测量检查		A		
		7.3.4	选择阀安装质量	观察检查		A		

续表

序号	查验项目名称	GB 50263条款	查验内容		查验结果			
			查验要求	查验方法	查验情况	重要程度	结论	备注
10	阀驱动装置	7.3.5	阀驱动装置数量、型号、规格和标志及安装位置	观察检查、测量检查		A		
		7.3.5	气动驱动装置中驱动气瓶的介质名称和充装压力	观察检查、测量检查		A		
		7.3.5	气动驱动装置管道的规格、布置和连接方式	观察检查、测量检查		A		
11	驱动气瓶和选择阀的机械应急操作装置	7.3.6	驱动气瓶机械应急操作装置标明防护区或保护对象永久标志	观察检查、测量检查		A		
		7.3.6	选择阀机械应急手动操作装置标明防护区或保护对象永久标志	观察检查、测量检查		A		
		7.3.6	驱动气瓶机械应急操作装置安全销、铅封	观察检查、测量检查		A		
		7.3.6	现场手动启动按钮的防护罩	观察检查		A		
12	气体灭火系统管网	7.3.7	管道的布置与连接方式	观察检查、测量检查		A		
		7.3.7	支架和吊顶的位置及间距	观察检查、测量检查		A		
		7.3.7	穿过建筑构件及其变形缝的处理	观察检查		A		
		7.3.7	各管段和附件的型号规格以及防腐处理	观察检查		A		
		7.3.7	涂刷油漆颜色	观察检查		A		
13	喷嘴	7.3.8	数量、型号、规格	观察检查		A		
		7.3.8	安装位置	观察检查		A		
		7.3.8	安装方向	测量检查		A		

续表

序号	查验项目名称	GB 50263 条款	查验内容		查验结果			
			查验要求	查验方法	查验情况	重要程度	结论	备注
14	系统功能	7.4.1	模拟启动试验	按《气体灭火系统施工及验收规范》GB 50263—2007 第E.2节的规定执行		A		
		7.4.2	模拟喷气试验	按《气体灭火系统施工及验收规范》GB 50263—2007 第E.3节或按产品标准中有关“联动试验”的规定执行		A		
		7.4.3	模拟切换操作试验	按使用说明书的操作方法,将系统使用状态从主用量灭火剂储存容量切换为备用量灭火剂储存容器的使用状态		A		
		7.4.4	主、备用电源切换试验	将系统切换到备用电源,按《气体灭火系统施工及验收规范》GB 50263—2007 第E.2节的规定执行		A		
查验结论			□ 合格		□ 不合格			

任务四 灭火器查验

一、任务描述

灭火器是由人操作的、能在其自身内部压力作用下将所充装的灭火剂喷出实施灭火的器具。

根据操作使用方法不同,灭火器又分为手提式灭火器和推车式灭火器。手提式灭火器是指能在其内部压力作用下，将所装的灭火剂喷出以扑救火灾，并可手提移动的灭火器具。手提式灭火器的总重量一般不大于 20 kg，其中二氧化碳灭火器的总重量不大于 28 kg。推车式灭火器是指装有轮子的可由一人推（或拉）至火场，并能在其内部压力作用下将所装的灭火剂喷出以扑救火灾的灭火器具。推车式灭火器的总重量不大于 40 kg。

本任务旨在让学习者了解建筑工程中灭火器设置的基本要求和检查方法，掌握如何对建设工程中的灭火器设置进行有效的查验。

二、任务目标

（一）知识目标

（1）了解灭火器设置的相关标准和规程，掌握其质量的基本要求。

（2）熟悉灭火器常见类型、性能、应用范围、功能和控制。

（3）了解灭火器的检查方法、检查内容和检查标准。

（二）能力目标

（1）能够对建设工程灭火器设置进行分析，判断其是否符合消防安全要求。

（2）能够检查建设工程灭火器设置现场情况，发现并记录存在的问题和缺陷。

（3）能够测试建设工程灭火器的性能、控制，评价其是否达到设计、规范、标准的安装质量要求。

（4）能够提出建设工程灭火器设置的整改建议和措施，完成建设工程消防查验报告的灭火器部分内容编制。

（三）素质目标

（1）提高消防查验工作人员对建设过程中消防系统建设标准化意识，培养规范的职业精神。

（2）培养消防查验工作人员在建设过程中对消防工程评价的客观性和公正性。

（3）培养消防查验工作人员对消防查验工作数字化、智慧化素养，提高其对消防查验问题的分析和解决的效率。

三、相关知识链接

【学习卡一】灭火器选型

• 相关规范条文	• 查验设备及工具
《消防设施通用规范》GB 55036—2022 的 10.0.1 条～10.0.3 条	观察检查
• 查验方法	**• 重要程度**
对照建筑灭火器配置设计文件和灭火器铭牌，现场核实；尺量检测	A

· 查验要求

(1)灭火器的配置类型应与配置场所的火灾种类和危险等级相适应,并应符合下列规定。①A类火灾场所应选择同时适用于A类、E类火灾的灭火器。②B类火灾场所应选择适用于B类火灾的灭火器。B类火灾场所存在水溶性可燃液体(极性溶剂)且选择水基型灭火器时,应选用抗溶性的灭火器。③C类火灾场所应选择适用于C类火灾的灭火器。④D类火灾场所应根据金属的种类、物态及其特性选择适用于特定金属的专用灭火器。⑤E类火灾场所应选择适用于E类火灾的灭火器。带电设备电压超过1 kV且灭火时不能断电的场所不应使用灭火器扑救。⑥F类火灾场所应选择适用于E类、F类火灾的灭火器。⑦当配置场所存在多种火灾隐患时,应选用能同时适用扑救该场所所有种类火灾的灭火器。

(2)灭火器设置点的位置和数量应根据被保护对象的情况和灭火器的最大保护距离确定,并应保证最不利点至少在1具灭火器的保护范围内。灭火器的最大保护距离和最低配置基准应与配置场所的火灾危险等级相适应。

(3)灭火器配置场所应按计算单元配置灭火器,并应符合下列规定。①计算单元中每个灭火器设置点的灭火器配置数量应根据配置场所内的可燃物分布情况确定。所有设置点配置的灭火器灭火级别之和不应小于该计算单元的保护面积与单位灭火级别最大保护面积的比值。②一个计算单元内配置的灭火器数量应经计算确定且不应少于2具

· 查验数量要求

(1)灭火器的类型、规格、灭火级别和配置数量:按照灭火器配置单元的总数,随机查验20%,且不得少于3个;少于3个配置单元的,全数查验。歌舞娱乐放映游艺场所、甲乙类火灾危险性场所、文物保护单位,全数查验。

(2)合格手续全数查验。

(3)不同类型灭火器相容性:随机查验20%。

(4)保护距离:按照灭火器配置单元的总数,随机查验20%;少于3个配置单元的,全数查验

【学习卡二】灭火器设置点

· 相关规范条文

《消防设施通用规范》GB 55036—2022的10.0.4条

· 查验方法

直观检查

· 查验要求

灭火器应设置在位置明显和便于取用的地点,且不应影响人员安全疏散。当确需设置在有视线障碍的设置点时,应设置指示灭火器位置的醒目标志

· 查验设备及工具

直观检查

• 查验数量要求

全数查验

• 重要程度

B

【学习卡三】灭火器箱

• 相关规范条文

《建筑灭火器配置验收及检查规范》的 GB 50444—2008 的 4.2.6 条

• 查验方法

观察检查与实测

• 查验要求

灭火器箱应符合《建筑灭火器配置验收及检查规范》GB 50444—2008 第 3.2.2 条、3.2.3 条的规定。①灭火器箱不应被遮挡、上锁或拴系。②灭火器箱的箱门开启应方便灵活，其箱门开启后不得阻挡人员安全疏散。除不影响灭火器取用和人员疏散的场合外，开门型灭火器箱的箱门开启角度不应小于 175°，翻盖型灭火器箱的翻盖开启角度不应小于 100°

• 查验设备及工具

观察检查与实测

• 查验数量要求

随机查验 20%，且不少于 3 个；少于 3 个的全数查验

• 重要程度

B

【学习卡四】灭火器的挂钩、托架

• 相关规范条文

《建筑灭火器配置验收及检查规范》GB 50444—2008 的 4.2.7 条

• 查验数量要求

随机查验 5%，且不少于 3 个；少于 3 个的全数查验

• 查验方法

(1)以 5 倍于手提式灭火器质量的载荷悬挂于挂钩、托架上，作用 5 min，观察挂钩、托架是否出现松动、脱落、断裂和明显变形等现象；当 5 倍的手提式灭火器质量小于 45 kg 时，应按 45 kg 进行检查。

(2)观察检查与实际操作。

(3)观察检查与实际操作

• 查验要求

(1)挂钩、托架安装后应能承受一定的静载荷，不应出现松动、脱落、断裂和明显变形。

(2)①应保证可用徒手的方式便捷地取用设置在挂钩、托架上的手提式灭火器。②当两具及两具以上的手提式灭火器相邻设置在挂钩、托架上时，应可任意取用其中一具。

(3)设有夹持带的挂钩、托架，夹持带的打开方式应从正面可以看到。当夹持带打开时，灭火器不应掉落

• 查验设备及工具

观察检查与实测

• 重要程度

B

【学习卡五】推车式灭火器

• 相关规范条文

《建筑灭火器配置验收及检查规范》GB 50444—2008 的 4.2.9 条

• 查验方法

观察检查

• 查验要求

(1)推车式灭火器宜设置在平坦场地,不得设置在台阶上。在没有外力作用的情况下,推车式灭火器不得自行滑动。

(2)推车式灭火器的设置和防止自行滑动的固定措施等均不得影响其操作使用和正常行驶移动

• 查验设备及工具

观察检查

• 查验数量要求

全数查验

• 重要程度

B

【学习卡六】灭火器的位置标识

• 相关规范条文

《建筑灭火器配置验收及检查规范》GB 50444—2008 的 4.2.10 条

• 查验方法

观察检查

• 查验要求

(1)在有视线障碍的设置点安装设置灭火器时,应在醒目的地方设置指示灭火器位置的发光标志。

(2)在灭火器箱的箱体正面和灭火器设置点附近的墙面上应设置指示灭火器位置的标志,并宜选用发光标志

• 查验设备及工具

观察检查

• 查验数量要求

全数查验

• 重要程度

(1)B、(2)C

【学习卡七】灭火器的摆放

• 相关规范条文	• 查验方法
《建筑灭火器配置验收及检查规范》GB 50444—2008 的 4.2.11 条	观察检查

• 查验要求	• 查验设备及工具
灭火器的摆放应稳固。灭火器的设置点应通风、干燥、洁净，其环境温度不得超出灭火器的使用温度范围。设置在室外和特殊场所的灭火器应采取相应的保护措施	观察检查

• 查验数量要求	• 重要程度
全数查验	B

四、任务分配

进行某建筑消防的灭火器的消防查验任务的分配。

消防查验任务分工表

查验单位 （班级）				
查验人员	姓名	执业资格或 专业技术资格	职务	任务分工
查验负责人 （组长）				
项目组成员 （组员）				

五、自主探学

根据任务分工，自主填写消防现场查验原始记录表。

消防现场查验原始记录表

<table>
<tr><td>项目名称</td><td colspan="3"></td><td>涉及阶段</td><td colspan="2">□施工实施阶段
□竣工验收阶段</td></tr>
<tr><td>日期</td><td colspan="3"></td><td>查验次数</td><td colspan="2">第　次</td></tr>
<tr><td>序号</td><td>所属分部工程</td><td>查验内容</td><td>查验位置</td><td>现场情况</td><td>问题描述</td><td>备注</td></tr>
<tr><td>1</td><td></td><td></td><td></td><td></td><td></td><td></td></tr>
<tr><td>2</td><td></td><td></td><td></td><td></td><td></td><td></td></tr>
<tr><td>3</td><td></td><td></td><td></td><td></td><td></td><td></td></tr>
<tr><td colspan="7">设备仪器:</td></tr>
</table>

六、合作研学

小组交流,教师指导,填写建筑灭火器工程概况及查验数量一览表。

建筑灭火器工程概况及查验数量一览表

<table>
<tr><td>建筑灭火器概况</td><td colspan="5"></td></tr>
<tr><td>名称</td><td>安装数量</td><td>设置位置</td><td>查验抽样数量要求</td><td>查验抽样数量</td><td>查验位置</td></tr>
<tr><td>灭火器的类型、规格、灭火级别和配置数量</td><td></td><td></td><td>按照灭火器配置单元的总数,随机查验20%,且不得少于3个;少于3个配置单元的,全数查验。歌舞娱乐放映游艺场所、甲乙类火灾危险性场所、文物保护单位,全数查验</td><td></td><td></td></tr>
<tr><td>合格手续</td><td></td><td></td><td>全数查验</td><td></td><td></td></tr>
<tr><td>不同类型灭火器相容性</td><td></td><td></td><td>随机查验20%</td><td></td><td></td></tr>
<tr><td>保护距离</td><td></td><td></td><td>按照灭火器配置单元的总数,随机查验20%;少于3个配置单元的,全数查验</td><td></td><td></td></tr>
<tr><td>灭火器设置点</td><td></td><td></td><td>全数查验</td><td></td><td></td></tr>
<tr><td>灭火器箱</td><td></td><td></td><td>随机查验20%,且不少于3个;少于3个的,全数查验</td><td></td><td></td></tr>
<tr><td>灭火器的挂钩、托架</td><td></td><td></td><td>随机查验5%,且不少于3个;少于3个的,全数查验</td><td></td><td></td></tr>
<tr><td>灭火器的位置标识</td><td></td><td></td><td>全数查验</td><td></td><td></td></tr>
</table>

七、展示赏学

小组合作完成建筑灭火器工程质量查验情况汇总表的填写，每个小组推荐一名组员分享汇报查验情况和结论。

建筑灭火器工程质量查验情况汇总

工程名称								
序号	查验项目名称	GB 50444 条款	查验要求	查验方法	查验结果			
					查验情况	重要程度	结论	备注
1	灭火器选型	4.2.1	灭火器的配置类型应与配置场所的火灾种类和危险等级相适应，并应符合建筑灭火器配置设计要求	对照建筑灭火器配置设计图进行检查		A		
		4.2.1	灭火器设置点的位置和数量应根据被保护对象的情况和灭火器的最大保护距离确定，并应保证最不利点至少在1具灭火器的保护范围内。灭火器的最大保护距离和最低配置基准应与配置场所的火灾危险等级相适应	直观检查，尺量检测		A		
		4.2.1	灭火器配置场所应按计算单元计算与配置灭火器，并应符合建筑灭火器配置设计要求	对照建筑灭火器配置设计图进行检查		A		
2	灭火器设置点	4.2.5	灭火器设置点附近应无障碍物，取用灭火器方便，且不得影响人员安全疏散	直观检查		B		
3	灭火器箱	4.2.6	灭火器箱不应被遮挡、上锁或拴系	直观检查		B		

续表

序号	查验项目名称	GB 50444 条款	查验要求	查验方法	查验结果			
					查验情况	重要程度	结论	备注
4	灭火器的挂钩、托架	4.2.7	挂钩、托架安装后应能承受一定的静载荷,不应出现松动、脱落、断裂和明显变形	以5倍于手提式灭火器质量的载荷悬挂于挂钩、托架上,作用5 min,观察挂钩、托架是否出现松动、脱落、断裂和明显变形等现象;当5倍的手提式灭火器质量小于45 kg时,应按45 kg进行检查		B		
			挂钩、托架安装应保证可用徒手的方式便捷地取用设置在挂钩、托架上的手提式灭火器	观察检查和实际操作		B		
		4.2.7	当两具及两具以上的手提式灭火器相邻设置在挂钩、托架上时,应可任意地取用其中一具	观察检查和实际操作		B		
		4.2.7	设有夹持带的挂钩、托架,夹持带的打开方式应从正面可以看到。当夹持带打开时,灭火器不应掉落	观察检查和实际操作		B		
5	灭火器的位置标志	4.2.10	在有视线障碍的设置点安装设置灭火器时,应在醒目的地方设置指示灭火器位置的发光标志;在灭火器箱的箱体正面和灭火器设置点附近的墙面上应设置指示灭火器位置的标志,并宜选用发光标志	直观检查		B/C		
6	灭火器保护措施	4.2.11	灭火器的摆放应稳固。灭火器的设置点应通风、干燥、洁净,其环境温度不得超出灭火器的使用温度范围。设置在室外和特殊场所的灭火器应采取相应的保护措施	直观检查		B		
查验结论			□ 合格		□ 不合格			

参考文献

［1］ 中华人民共和国住房和城乡建设部. 建筑防火通用规范：GB 55037—2022［S］. 北京：中国计划出版社，2022.

［2］ 中华人民共和国住房和城乡建设部. 消防设施通用规范：GB 55036—2022［S］. 北京：中国计划出版社，2022.

［3］ 中华人民共和国住房和城乡建设部. 建筑设计防火规范：GB 50016—2014（2018 年版）［S］. 北京：中国计划出版社，2018.

［4］ 中华人民共和国住房和城乡建设部. 汽车库、修车库、停车场设计防火规范：GB 50067—2014［S］. 北京：中国计划出版社，2014.

［5］ 中华人民共和国住房和城乡建设部. 人民防空工程设计防火规范：GB 50098—2009［S］. 北京：中国计划出版社，2009.

［6］ 中华人民共和国住房和城乡建设部. 建筑内部装修设计防火规范：GB 50222—2017［S］. 北京：中国计划出版社，2017.

［7］ 中华人民共和国住房和城乡建设部. 供配电系统设计规范：GB 50052—2009［S］. 北京：中国计划出版社，2009.

［8］ 中华人民共和国住房和城乡建设部. 民用建筑电气设计标准：GB 51348—2019［S］. 北京：中国计划出版社，2019.

［9］ 中华人民共和国住房和城乡建设部. 消防应急照明和疏散指示系统技术标准：GB 51309—2018［S］. 北京：中国计划出版社，2018.

［10］ 中华人民共和国住房和城乡建设部. 火灾自动报警系统设计规范：GB 50116—2013［S］. 北京：中国计划出版社，2013.

［11］ 中华人民共和国住房和城乡建设部. 火灾自动报警系统施工及验收标准：GB 50166—2019［S］. 北京：中国计划出版社，2019.

［12］ 中华人民共和国住房和城乡建设部. 消防给水及消火栓系统技术规范：GB 50974—2014［S］. 北京：中国计划出版社，2014.

［13］ 中华人民共和国住房和城乡建设部. 自动喷水灭火系统施工及验收规范：GB 50261—2017［S］. 北京：中国计划出版社，2017.

［14］ 中华人民共和国住房和城乡建设部. 自动跟踪定位射流灭火系统技术标准：GB 51427—2021［S］. 北京：中国计划出版社，2021.

［15］ 中华人民共和国住房和城乡建设部. 细水雾灭火系统技术规范：GB 50898—2013［S］. 北京：中国计划出版社，2013.

[16] 中华人民共和国住房和城乡建设部.水喷雾灭火系统技术规范:GB 50219—2014[S].北京:中国计划出版社,2014.

[17] 中华人民共和国住房和城乡建设部.建筑防烟排烟系统技术标准:GB 51251—2017[S].北京:中国计划出版社,2017.

[18] 中华人民共和国住房和城乡建设部.防火卷帘、防火门、防火窗施工及验收规范:GB 50877—2014[S].北京:中国计划出版社,2014.

[19] 中华人民共和国住房和城乡建设部.泡沫灭火系统技术标准:GB 50151—2021[S].北京:中国计划出版社,2021.

[20] 中华人民共和国住房和城乡建设部.气体灭火系统施工及验收规范:GB 50263—2007[S].北京:中国计划出版社,2007.

[21] 中华人民共和国住房和城乡建设部.建筑灭火器配置验收及检查规范:GB 50444—2008[S].北京:中国计划出版社,2008.